青少年探索发现百科丛书

矿物宝藏

图书在版编目（CIP）数据

　　矿物宝藏／澳大利亚威尔顿·欧文公司编著；黄湘
雨译. —— 北京：中国地图出版社，2016.4
　　（青少年探索发现百科丛书）
　　ISBN 978-7-5031-7387-5

　　Ⅰ．①矿… Ⅱ．①澳… ②黄… Ⅲ．①矿物－青少年
读物 Ⅳ．①P57-49

　　中国版本图书馆CIP数据核字(2014)第233826号

责任编辑：王俊友
翻　　译：黄湘雨
制　　作：占　艳
复　　审：徐丽娟
终　　审：尹嘉珉

矿物宝藏

[澳] 威尔顿·欧文公司授权出版
Copyright © Weldon Owen Limited
著作权合同登记号：图字01-2013-3093号

出版发行	中国地图出版社		
社　　址	北京市西城区白纸坊西街3号	邮政编码	100054
网　　址	www.sinomaps.com		
印　　刷	北京天宇万达印刷有限公司	经　　销	新华书店
成品规格	205mm×285mm	印　　张	4
版　　次	2016年4月第1版	印　　次	2016年4月北京第1次印刷
定　　价	22.00元		
书　　号	ISBN 978-7-5031-7387-5		

咨询电话：010-83493061(编辑)，010-83493029(印装)，010-83543956、010-83493011(销售)
本作品简体中文专有出版权由童涵国际(KM Agency)独家代理

青少年探索发现百科丛书

矿物宝藏

中国地图出版社

目　录

岩石　6

矿物　26

收集岩石和矿物　40

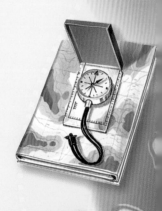

选择自己的阅读方式！

《矿物宝藏》这本书不同于你以往读过的其他任何科普书籍。本书首先为你介绍由岩石构成的地球，通读全书后，你还将学会如何收集岩石和矿物。如果你对晶体非常感兴趣，也可以直接从"走进矿物"那部分开始阅读。

"特色栏目"为你提供大量的阅读渠道。你还可以在"背景故事"中阅读重要的发现和发明它们的科学家们，或者在"自己动手"里享受创作的乐趣！在"词汇解读"里探索某些词语的解释，或者用"知识魔方"里有趣的事实来向你的朋友们炫耀！每次阅读时都可以选择一种新的方式，探路者丛书会带你到任何你想去的地方。

背景故事
地质时期的大事件

与探险家约翰·韦斯利·鲍威尔一起勘察美国西南部壮观的大峡谷，和哈里森·施密特一起到月球上采集岩石。阅读摄影师布拉德·路易斯的手记，设想一下你家后院有座火山会有什么感觉。在"背景故事"里阅读有关伟大的科学家和地质学历史事件，假如你也在现场，你就会体会经历这些惊天动地的事件的感受，或许从中领悟到一些东西，从而改变自己的世界观。

自己动手
发明与制作

捏碎一块方糖，在黑暗的地方它就会发光。用黏土捏塑成山脉模型，用一碗水来模拟地震波。在罐子里自己种植水晶。建造一个简易的岩石和矿物收藏架。学习如何通过观察岩石的密度、颜色和硬度来分辨岩石种类。"自己动手"的特色就是实验、项目和活动。每个专栏都与该页的主题相对应。

词汇解读

好奇怪的词语！它是什么意思呢？它源自于哪里呢？"词汇解读"能让你找到答案。

知识魔方

可怕的事实、惊人的记录、神奇的人物——这些都能在"知识魔方"这一栏目里读到。

探索路径

当你从一个主题读到另一个主题时，可以通过"探索路径"这一栏目找到你的路径，这完全取决于你自己！

准备！
集合！
开始探索！

岩石

你此时就站在一块巨大的岩石上，而且这块岩石是在宇宙中高速运动的。我们生活的星球——地球，就是一块巨大的圆形岩石。实际上，地球是由很多不同种类的岩石组成的，岩石又是由矿物构成的，而矿物是自然界中天然形成的固体。你或许不会注意到岩石的形态是一直变化的。比如说滚烫的液态岩石——被地核产生的热量熔化，上升至地表，冷却后变硬。冰、风和水不断地将最表层的岩石瓦解成为小的碎片，然后小块的岩石下沉到地壳下面，重新熔化成液态岩石。这个循环持续了数十亿年，形成了三种主要的岩石——岩浆岩、沉积岩和变质岩。

8 你的身边由岩石、矿物或者由两者的提炼物做成的东西无处不在。

请看**无处不在的岩石**。

10 地球只是围绕太阳旋转的众多岩石球之一。你知道它们是怎么到达那里的吗？

请看**地球——太阳系中第三位置的岩石球**。

12 你知道你脚下的大地是一直在运动的吗？

请看**运动不息的地球**。

14 自然界的力量将岩石雕刻为奇特的形状。

请看**磨损与消耗**。

16

岩石的历史比人类的历史还要长。

请看岩石圈的物质循环。

18

这样的岩石来自于火山喷发的岩浆岩。

请看火之河。

20

岩石碎片通常会形成新的岩石。

请看一层又一层。

22

为什么有些岩石会变成另一种岩石？

请看岩石的变质。

24

这个奇怪的石头从哪来的？

请看奇石。

灯泡

大多数灯泡都有一根用钨制作的电线。钨是从一种叫做白钨矿的矿物里提炼出来的。

镜子

镜子是由银或者铝两种金属喷在玻璃上制作而成的。而玻璃是由石英砂制作的。石英砂是一种叫做石英矿物的微小颗粒。

无处不在的岩石

走出室外，你会发现你被岩石包围着。低头看看，在土壤之下，大地是由许多种岩石构成的；抬头看看，巨大的岩石和不规则石板形成的山冈和山峰。有些岩石刚刚形成几天，但是有的已经形成数十亿年了。

捡起一块石头，掂掂它的重量。从古代时人们就已经注意到岩石很坚硬，并且开始用它们建房铺路。古代人也已经发现有些岩石含有像金属这样有用的矿物，而且他们开始研究如何从岩石中提炼矿物。今天，我们依然在研究这些，我们用提炼出的金属建造桥梁、汽车和摩天大楼，我们用碎石铺铁轨地基，我们甚至从地下的岩石层中提炼汽车所需的能源和家庭供暖的燃料。

我们的生活离不开岩石和矿藏。传统的水龙头和水管是用金属制作的；电线是由一种叫做铜的金属制成的；我们用金属器皿吃饭；用自然结晶盐来调味；用一种叫石墨的黑色矿物制作的铅笔写字。如果没有石英晶体制作的硅片，我们的电脑就不能工作，甚至连塑料制品像瓶子和碗也是用岩石中提炼的油制作的。如果没有岩石和矿藏我们能正常生活吗？

岩石景观

我们周围的自然景观都是由岩石塑造的，比如山峰、河床、海岸等等。人们从矿山和采石场把各式各样的岩石开采出来，并利用它们来建造楼房和道路、提炼各种金属和非金属物质、制造化工原料和机械，从而把它们变成各种各样的产品。

我们周围所有陆地都是岩石构成的，在山顶或者海岸的悬崖边可以看到裸露的岩体

现代很多建筑是由钢筋、混凝土和玻璃构成的，这些材料都是从岩石中提取的

自己动手

岩石斑点

1.拿着笔记本和笔，在你家周围观察一下。将你认为是岩石和矿物的东西记录下来。然后再去你邻居家附近转转，看看有什么是岩石和矿物构成的，再记录下来。

2.当你读完这本书时，再做一遍这个任务。你会惊讶地发现你的记录上多了这么多属于岩石和矿物的东西！

细瓷器

细瓷是由一种叫做高岭土的黏土烧制的，高岭土里含有一种叫做高岭石的矿物。和其他黏土一样，高岭土可以烧制成不同的形状。

黑板和粉笔

黑板是用页岩制作的。页岩是一种有平纹的黑色岩石。你可以用白色的软岩石——粉笔，在黑板上书写。

词汇解读

•研究岩石的人叫做**岩石学家**。岩石学来自于希腊语的petros和logos，意思分别是"岩石"，"石头"和"科学"。

•**金属**这个名称来自于希腊语的metallon，意思是"矿"。

知识魔方

•你发现这本书介绍的是岩石和矿物了吗？黏土是一种包含矿物微粒的泥浆状土，造纸时加入黏土会使纸张更平滑，使墨水更易干。

•人类用岩石建造摩天大厦已经有上千年历史了。早在公元100年，人类就在也门建造了一座20层的城堡。

探索路径

•想了解更多关于矿物和水晶的内容，请看28-29页。

•了解人们是怎样使用岩石建造房屋、寺庙、塔和桥梁的。请看42-43页。

•了解更多关于矿藏的内容。请看48-49页。

•看看你电脑里有什么是岩石制造的。请看50-51页。

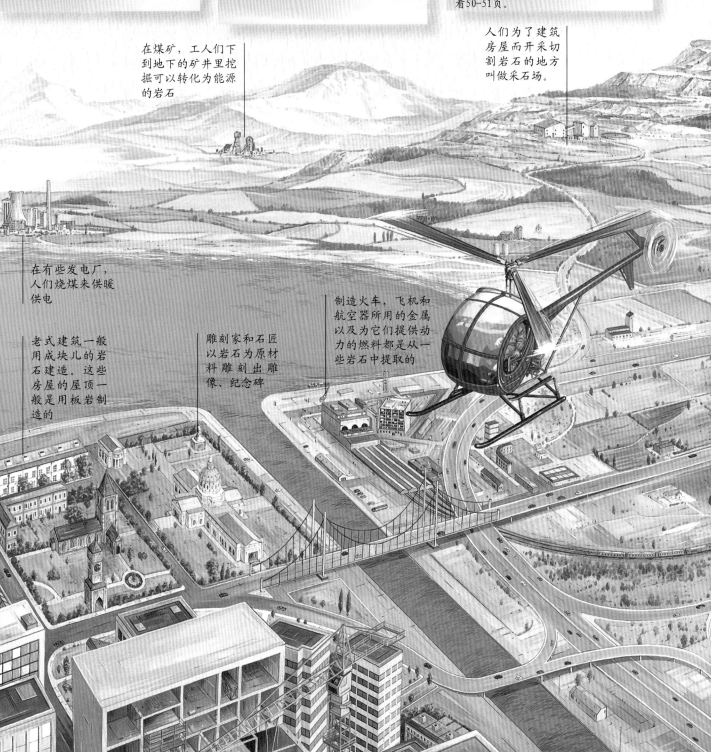

在煤矿，工人们下到地下的矿井里挖掘可以转化为能源的岩石

人们为了建筑房屋而开采切割岩石的地方叫做采石场。

在有些发电厂，人们烧煤来供暖供电

老式建筑一般用成块儿的岩石建造。这些房屋的屋顶一般是用板岩制造的

雕刻家和石匠以岩石为原材料雕刻出雕像、纪念碑

制造火车，飞机和航空器所用的金属以及为它们提供动力的燃料都是从一些岩石中提取的

硬币

大多数硬币由金属混合物也叫合金制成，不同种类的合金使硬币的颜色各不相同。

锅碗瓢盆

我们做饭时使用的锅碗瓢盆都是用各种不同的金属制造的，其中包括铁，铝和铜。

地球——太阳系中第三位置的岩石球

我们的星球只是围绕太阳这颗恒星旋转的众多巨型岩石球之一。行星、卫星、小行星、流星体、彗星、我们的地球共享一个宇宙。这些球形大岩石构成了宇宙中的一个星系，叫做太阳系。地球是太阳系中的第三颗行星，也就是离太阳第三近的行星。

地球和太阳系的其他星球都是在大约50亿年前由一团充满灰尘、石块和气体的气团形成的。这些物质围绕太阳旋转，不断地撞击着彼此。一些岩石碎片组成一团，最终形成一些行星，其中就包括我们的地球。地球的早期历史就像一场不间断的撞车比赛。彗星和小行星不断地撞进这颗新形成的行星里。所有这些撞击都不断地为地心和地表添加酷热的放射性物质。

这些热量对年轻的地球产生了深远的影响，地球内部物质开始熔化，最重的物质沉积到地核，较轻的物质漂浮起来形成地壳，其余的物质在中间分层沉积。我们肉眼看不见这些层次，但是我们可以探测到这些分层。科学家们使用地震检波器检测地球内部，就像医生用听诊器听你的心脏一样。这种方法可以让科学家鉴别地球共有多少层。如果我们能将地球一分为二，这些层次就像靶上一圈一圈的圆环一样。

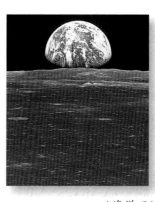

月球

当我们从地球的月球上看地球时，地像一个巨大的蓝色弹许多科学家认为月球于数十亿年前。是一行星撞击地球时形成片，又在宇宙中互相结合在一起而形成的。

上层地幔大700千米厚

海洋下的地壳大约5千米厚

大陆地壳大约20—70千米厚

地幔	外地核	内地核
大约2,900千米厚	大约2,250千米厚	大约1,200千米厚

自己动手

制作波浪

为了了解地球内部，地震学家研究地震波——地震产生的波。科学家们自己制造的地下爆炸，震动多发出波，这些能穿过地球岩体。通过测量波速和波传播的方向，科学家们就可以知道下面有哪种岩石，以及岩层的厚度。在下面这个小实验中，水波就像地震波一样，水和瓶子就像岩石层。

1. 用一个大碗装满水，然后将一个瓶子放在碗的正中间。

2. 轻轻地向碗里滴几滴水。涟漪会向外散开，当涟漪碰到瓶子时，他们就会改变方向。同样，地震波碰到某种不同种类的岩石也会改变方向。

词汇解读

 知识魔方

探索路径

- **重力**这个词来自于拉丁语的gravitas，意思是"很重的"。
- 地下的爆炸产生的波叫做**地震波**，研究这些地震波的人叫**地震学家**。地震这个词在希腊语的拼写为seismos。

- 如果以30厘米/分的速度挖掘，需要87年才能挖穿地球。
- 世界上最深的钻孔在俄国东部的扎波利亚尔内，大约15千米深。然而，这对于地球来说只是不值一提的一个小抓痕。

- 地幔中当热岩浆上升的时候冷却的岩浆下沉，这种情况下就会造成地震和火山爆发。请看12-13页，了解这个过程是怎样发生的。
- 由岩石构成的地球表面也会被外力改变形态，比如说风化和侵蚀。请看14-15页。
- 撞击进入地球的流星体叫做流星。阅读更多关于流星的内容，请看24-25页。

 背景故事

地心历险记

一百多年前，一位叫做儒勒·凡尔纳的法国作家将他的读者带进了我们星球的中心。他的书《地心游记》写于1864年，这本书后来被拍为电影。在书中，他描述了一次穿越地心的旅程。此旅程中，穿过了黑暗的通道，经过地下瀑布，石塔和熔岩河。我们现在知道这场历险是不可能的，但是探索已经证实凡尔纳的描述就像地下洞穴里的奇幻世界一样，这个世界连他自己也没有亲眼见过。

软流层

岩石圈（包括地壳和上地幔）

上地幔

卫星照片让我们可以研究岩石构成的地球表面。这幅图片是亚洲的喜马拉雅山脉。

地球里面有什么？

地球由很多层构成。我们脚下的这层（地壳）和它下面的一层岩石（上地幔）一起被叫做岩石圈。岩石圈下面是一层不完全熔化的岩石，这层局部熔融的岩石层叫软流层。而软流层的下面是一层厚厚的地幔。地幔下面是一层液态的外核和一个由铁和镍构成的固态内核。

天王星　　　　　　海王星

太阳系里都有什么？

太阳系是我们在宇宙中的家。像所有的家一样，它也是由各种不同的材料构成的。但是太阳系可不是由木料和钉子建造的，它是由尘埃和气体组成的。

大约50亿年前，一团由灰尘和热气体构成的缓慢旋转的星云开始缩小。随着这团星云体积的不断缩小，它旋转的速度越来越快。

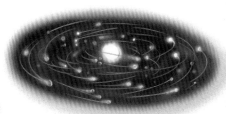

在星云中间的热气聚集到一起，形成太阳。边缘温度稍低的气体和灰尘开始聚集到一起，形成大团的空间石块。

又过了1亿年左右，太阳系里形成了八个围绕太阳旋转的大石块。这就是我们今天所熟知的八大行星。

运动不息的地球

　　在地球的内部有一个庞大的能源站，这就是由铁和镍构成的炽热的地核。这里产生的热量如此强大，以至于地核的活动会影响到离它2,900千米远的地表。地心的热量直接灼烧着地幔中的岩石。当地幔熔化，熔岩像翻滚着气泡的沸水一样向地表上升，升到地壳中会有一部分熔岩被冷却，冷却的熔岩则开始下沉。在接近地心时又被重新加热，再次上升。这个持续不停的上升沉降形成了循环。

　　岩石循环形成了对地壳的推拉挤压。在地球形成初期，这些运动和作用力将岩石圈破碎，整个地球变成了一幅大拼图。拼图中的这些小块儿叫做板块，漂浮在软流层上。陆地和海洋都在这些板块上。

　　当熔岩在两个板块之间喷出时，板块就向相反方向移开。当漂浮到别的板块旁时，就会和这个板块相撞。如果你生活在板块边界，当大地隆隆作响时，你就能感到这些板块撞击的影响。当火山喷发时，你也能体会到这种影响。久而久之，这些激烈的活动缓缓地改变了我们星球的外貌。

阪神地震

　　1995年，一场大地震袭击了日本的大阪、神户，建筑物倒塌、高速公路支离破碎。5,000多人遇难，成千上万人失去家园。

移动的地标

　　对流（下图用红色箭头标示的）拉伸挤压地壳，当板块分离时，就会产生大洋脊和裂谷；当板块撞击嵌入彼此时，就会形成山脉、火山和海底山谷。

当两个大陆板块相撞，撞击处就会拱起，产生褶皱，形成山脉

当两个大洋板块相撞，岩浆会从破碎的地壳中渗出，形成海上火山弧岛

当大洋板块向相反方向扩张，岩浆上升从裂缝里溢出，冷却变硬，就形成了中洋脊

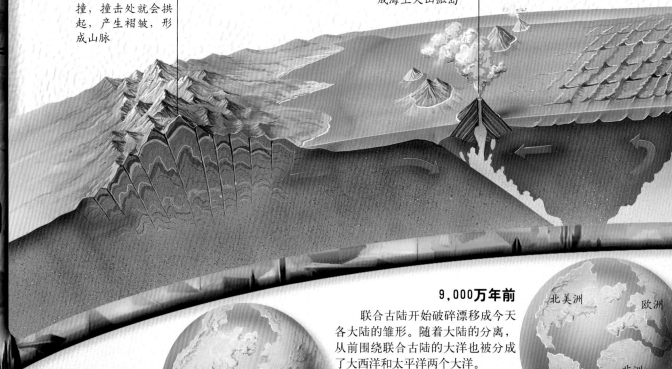

9,000万年前

联合古陆开始破碎漂移成今天各大陆的雏形。随着大陆的分离，从前围绕联合古陆的大洋也被分成了大西洋和太平洋两个大洋。

北美洲　欧洲

非洲

南美洲

2亿年前

地球上的大陆是连在一起的，叫做联合古陆，被仅有的一个大洋包围。

联合古陆

不断运动的大陆

　　数百万年间，大陆板块一直在不断地缩小，海洋板块在变大，大陆不断地分分合合。

词汇解读

- 英文中的火山一词来源于罗马神话中火与锻冶之神——**伏尔甘**。传说中他住在今天意大利伏尔甘岛的一座火山里。
- **联合古陆**是2亿年前的仅有的一块大陆。这个词源于希腊语，是"所有的陆地"的意思。

知识魔方

- 地球上每年有800次较严重的大地震，但是每天都会发生8,000次左右的小地震。幸运的是，这些小地震很微弱，不会造成任何损失。
- 围绕太平洋的大陆板块与大洋板块碰撞，形成一个几乎圆形的火山地震带，叫做环太平洋地震带。

探索路径

- 岩浆冷却变硬后，形成各种岩石。请看第18-19页，了解各种火山岩。
- 随着板块的挤压或升温，一些岩石可能会变成其他种类的岩石。请看22-23页，这是怎么发生的。
- 看看科学家们是怎么研究和绘制海底地图的，翻到46-47页。

背景故事

我家后院有座火山

布拉德·里维斯将他的房子建在了夏威夷州的一座非常活跃的火山上。他说："昨夜我看见一股巨大的熔岩流喷涌进入了大海"。布拉德是一名摄影师，因此他将这个景象拍摄下来，海水变冷，熔岩变硬，布拉德亲眼看见了一块新陆地的形成。接下来的许多年间，他见证了海岸变宽，海湾变成了半岛。

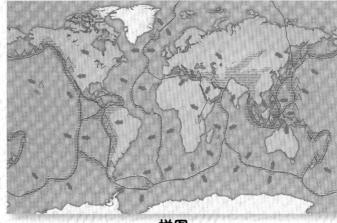

板块边界
板块运动的方向
火山
地震带

拼图

地球的地壳像是一个巨型拼图，由十几个板块构成。上图显示了这些拼图块的形成和位置，以及它们运动的方向。大多数地震和火山都发生在板块交界的地方。

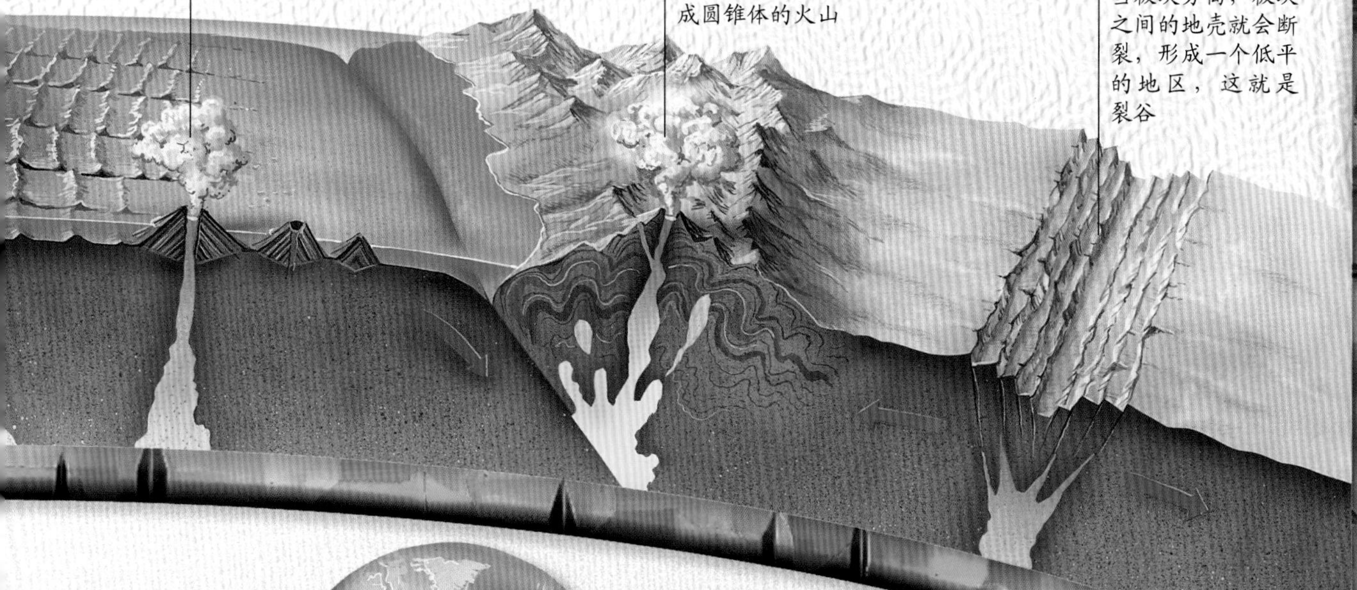

在板块中部也时常有岩浆从地幔渗出，形成一个活火山

当大洋板块与陆地板块相撞，较薄的大洋板块就会俯冲到较厚的大陆板块下面，形成圆锥体的火山

当板块分离，板块之间的地壳就会断裂，形成一个低平的地区，这就是裂谷

现在的地表

现在，是我们看见的大陆的样子了。大西洋的海底继续扩张，使美洲板块与欧洲板块、非洲板块的距离越来越远。

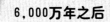

北美洲
欧洲
非洲
南美洲

6,000万年之后

大西洋会继续扩张。随着更多板块的相撞，会形成新的大陆。

北美洲
欧洲
非洲
南美洲

磨损与消耗

我们的地球无法像人一样，天变冷时可以穿上大衣防寒，下雨时可以撑把伞防止淋湿，想办法在恶劣的天气中保护自己。但地球不行，它无法逃脱风、雨、雪、冰冻的洗礼。它不停地被雨淋湿后又被风干，被冰冻后又被烘烤。

就像酷热、风和严寒使你的皮肤干燥皲裂一样，这些自然作用也会使地表的岩石分裂瓦解。岩石会被雨水中的化学物质侵蚀，被植物的根系运动分解，这些过程叫做风化作用。冰川、河流、海洋和风将裸露在地表的岩石侵蚀为碎片，接着又冲刷它们的表面，将这些碎片带到河流、湖泊、海洋里，这个过程叫做侵蚀和搬运作用。

随着风化和侵蚀作用，地球上出现了一些特殊的景观，比如洞穴、峡谷、海蚀柱和参差不齐的山峰。当坚硬的岩石抵抗这些坏天气时，岩石就会形成平顶山、拱形山等地貌形态。但是，没有哪种岩石能永久地抗拒外界的侵蚀，久而久之，悬崖崩裂，山脉缩小，海岸线被磨损殆尽。

冰川侵蚀

冰川是自然界的"推土机"。这些巨大的冰体在山上形成，然后慢慢地沿着山坡滑下来，在下滑的过程中自然开凿出一条山谷，就像你搓下手上的脏东西一样容易。

冰川是由大量的雪堆积形成的，能够滑出宽大的山谷

水能够侵蚀掉一些岩石，形成洞穴

海浪连续不断地拍打着海岸线，形成了海蚀洞和海蚀柱

背景故事
猛犸洞穴的发现

1799年，约翰·霍钦举枪瞄准了一只熊。"砰"的一声，子弹穿过熊的腿，受惊的熊蹦跳着奔入了森林。霍钦马上去追捕它，但是只看见熊钻进了半山腰的一个洞里。他想，这下可抓住它了。霍钦小心翼翼进入洞穴，这一步迈出后，他就成为了踏入猛犸洞穴的第一个欧洲血统的人。一个世纪之后，我们知道美国肯塔基州猛犸洞穴是世界上最大的洞穴系统。但直到今天，也没有人知道那只熊到底怎么样了。

大自然的雕塑

从山峰到地面的洞穴，从沙漠到海边，大自然的力量创造了一系列令人难以置信的奇特景观。

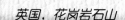

英国，花岗岩石山　　　美国，魔鬼塔

词汇解读

- **冰川**这个词来自于法语单词 glace，是"冰"的意思。
- **平顶山**是一种顶部平坦，边缘陡峭的山。Mesa是西班牙语，意思是"桌子"。小型的平顶山叫做"地垛"，意思是"小丘"或"小山"。

知识魔方

- 世界上最大的洞穴是马来西亚婆罗洲的沙捞越洞窟。这个洞足以装下8架大型喷气式客机。
- 世界上所有河流的流量是1,260立方千米。如果一直不下雨，河流干枯，大海会以每年一米深的速度蒸发掉。

探索路径

- 侵蚀是岩石不断循环的过程的一部分。请看16-17页，阅读相关内容。
- 被河流侵蚀的岩石碎片可能最终会粘合在一起，形成一种新的岩石。请看20-21页。
- 你对峡谷感兴趣吗？请看46-47页中的世界上最大的峡谷。
- 想了解更多关于海岸侵蚀的内容，请看58-59页。

背景故事

龟裂

1. 将一团制作模型用的黏土揉成一团。将它弄湿并用塑料布包起来。

2. 将黏土团放在冰箱里一夜。第二天拿出来，仔细观察，你会发现什么？

3. 黏土团上会出现裂纹。这是因为它当冻住时，水结冰的过程中它会膨胀，将黏土裂开。当岩石冰冻时也会出现这样的情况。

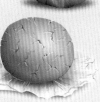

河流冲刷峡谷和平顶山，将岩石和尘土冲走

洋葱式的风化

不断循环的侵蚀、风干、冰冻和融化的过程使澳大利亚中部的巨石开裂剥落，岩石变成一层一层的，就像洋葱一样。

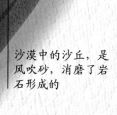

沙漠中的沙丘，是风吹砂，消磨了岩石形成的

尖岩石

在美国的布莱斯峡谷，风化和侵蚀作用将石头打磨成尖塔状的天然怪岩柱。

天然怪岩柱

美国犹他州布莱斯峡谷于五六千万年前在一个湖底形成。从那时起，大自然就在不停歇地，雕刻着奇形怪状的石柱，就是我们今天所说的天然怪岩柱。

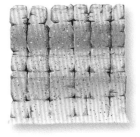

山坡上岩石的裂纹相互交错。水顺着山坡流下，冲刷着裂缝，形成窄且深的沟壑。水进一步深入沟壑两壁的裂缝中。

在冬天，水结冰膨胀，使石柱上的裂缝变宽。慢慢地就出现了石柱。由于岩石种类不同，受侵蚀的速度也各不相同，石柱就变成了奇怪的形状。

一些石柱会倒塌，慢慢变成尘土。最终这片天然怪岩柱会消失，但新的石柱已经在山坡上又形成了。

岩石圈的物质循环

你也许不会注意到，你身边的岩石就像一个缓慢的过山车。地质作用将岩石向上挤压形成山脉，熔岩向上喷到天空中，将岩石粉碎成零星碎片，再将它们带入地下。渐渐地，这些岩石的运动几乎将地球里外翻转了一遍。山峰变成峡谷，海底变成山脉，海洋生物的遗体留在了山脉的顶峰上，让我们看到亚洲的喜马拉雅山上有鱼化石的存在。

在这场激烈的运动中，形成了三类不同的岩石。当熔岩冷却，就形成了岩浆岩；当地表的岩石被波浪连续地击打成碎片，或者被冰川压碎，以及被其他岩石磨成零星碎片，这些碎片一层一层地沉积，形成了沉积岩。同时，在地球内部，炽热的温度和强大的压力挤压烘烤着岩石，形成了变质岩。

科学家们很早就发现了岩石的这种类似过山车式的活动，地球形成时这种活动就开始了，至今已经有46亿年了。对于我们来说，这个过程是相当缓慢的，但是对于一块岩石来说，这个运动是不断重复的。

火山喷发带来的岩石

1963年，冰岛附近的一座海底的火山猛烈喷发后露出了一个新的岛屿，叙尔特塞岛。不久，植物和动物开始在岛上出现。

熔岩冷却变硬，形成岩浆岩

在地下热量和压力的共同作用下形成变质岩

自己动手

地质年代

地质学家们将地球的历史划分为下图所示的几个纪元。试着用这个方法理解人类的起源和地球年龄之间的关系。将你的手臂伸开，想象你手臂岩石景观的跨度就是我们星球的整个历史。你右手中指指尖代表地球形成的时刻。第一个纪元是前寒武纪，就是图示中的A部分，从你的右手中指指尖一直到左手手腕处。最早的植物出现在你左手手掌那里，就是B点。恐龙出现在左手中指处C点，但是它们在左手中指第一个关节D点处突然灭绝了。人类历史开始于你左手中指指尖E点处。

右手

A B C DE
左手

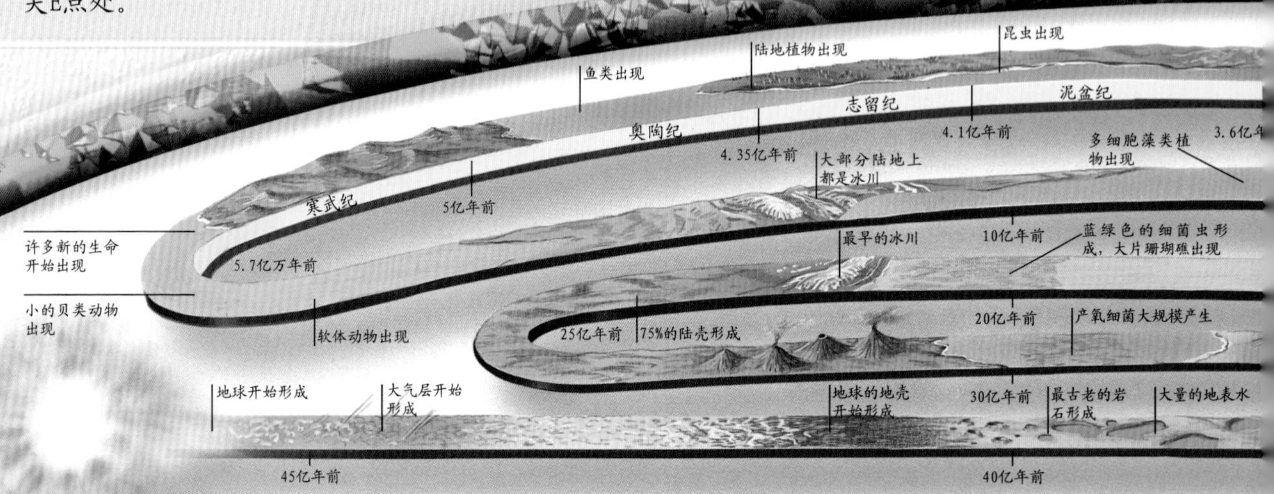

昆虫出现

陆地植物出现

鱼类出现

志留纪　　泥盆纪

奥陶纪　　4.1亿年前　　多细胞藻类植物出现　　3.6亿年前

4.35亿年前　　大部分陆地上都是冰川

寒武纪　　5亿年前

5.7亿万年前　　最早的冰川　　10亿年前　　蓝绿色的细菌虫形成，大片珊瑚礁出现

许多新的生命开始出现

小的贝类动物出现　　软体动物出现　　25亿年前　　75%的陆壳形成　　20亿年前　　产氧细菌大规模产生

地球开始形成　　大气层开始形成　　地球的地壳开始形成　　30亿年前　　最古老的岩石形成　　大量的地表水

45亿年前　　40亿年前

词汇解读

• 地球纪元的所有名字都来自于希腊词语zoe——"生命"的意思。

• 纪元、年代、时代这些词常用于表示地质年代。

知识魔方

• 我们知道的最古老的岩石是位于加拿大西北地区的艾加斯塔片麻岩。这种变质岩形成于39.6亿年前。

• 美国夏威夷州的基拉韦厄火山岩浆喷发时的速度为每秒5立方米。

探索路径

• 看看什么原因导致的板块移动，请看12-13页。

• 了解更多关于火成岩，沉积岩和变质岩的内容。请看18-23页。

• 科学家们如何用化石测定岩石层形成的时间？请看60-61页。

一轮又一轮

任何地方的岩石都在运动。它们会进入地下，会随着火山喷发一起喷出来，还会在湖底和大洋底安家。它们不仅在位置上移动，在外貌上也发生变化。

岩石在风化和侵蚀作用下粉碎，被流水冲蚀走。

古地壳

板块运动将沉积物带到地下

背景故事

岩石底部

两百多年前，人们认为地球的年龄仅有6,000年。但是一名叫詹姆士·哈顿的苏格兰医生却不这么认为。经过对岩石数年的研究，他知道岩石的变化非常缓慢。1785年的一天，哈顿来到一条河边，发现河堤是由很多种不同的岩石一层层地堆积起来的。看着这个构造，他确信最底层的岩石被压到底下，上面又被很多层岩石覆盖的过程需要的不仅是几千年，而是数百万年之久。尽管那时几乎没人相信哈顿的理论，但是后来科学的发展证明了他的理论是正确的。

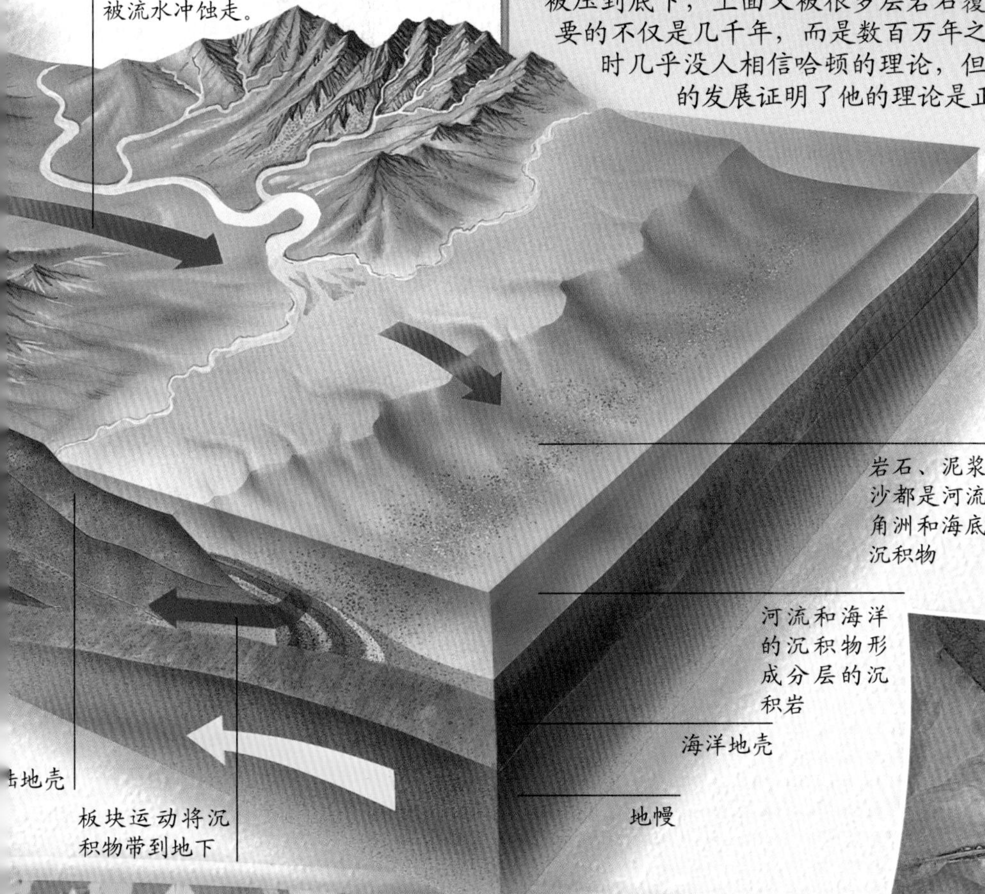

岩石、泥浆和沙都是河流三角洲和海底的沉积物

河流和海洋的沉积物形成分层的沉积岩

海洋地壳

地幔

沉积之旅

当河流入海的时候，就会有泥土和岩石沉积下来。这些沉积物阻塞入海口，迫使河流改道入海。河流的入海口，也叫三角洲，从太空中看就像一棵树。下图是美国密西西比河三角洲的卫星影像图。

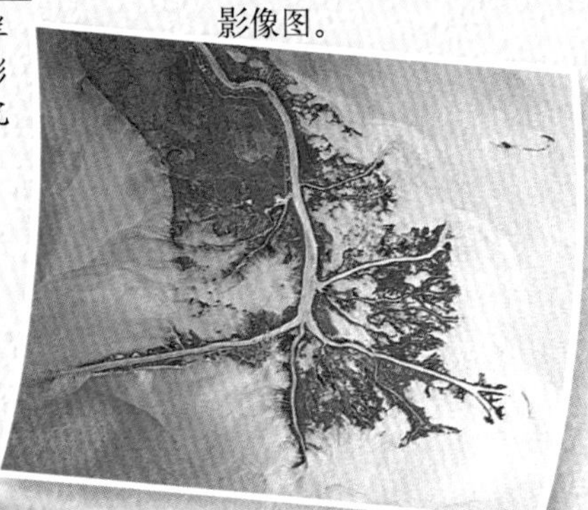

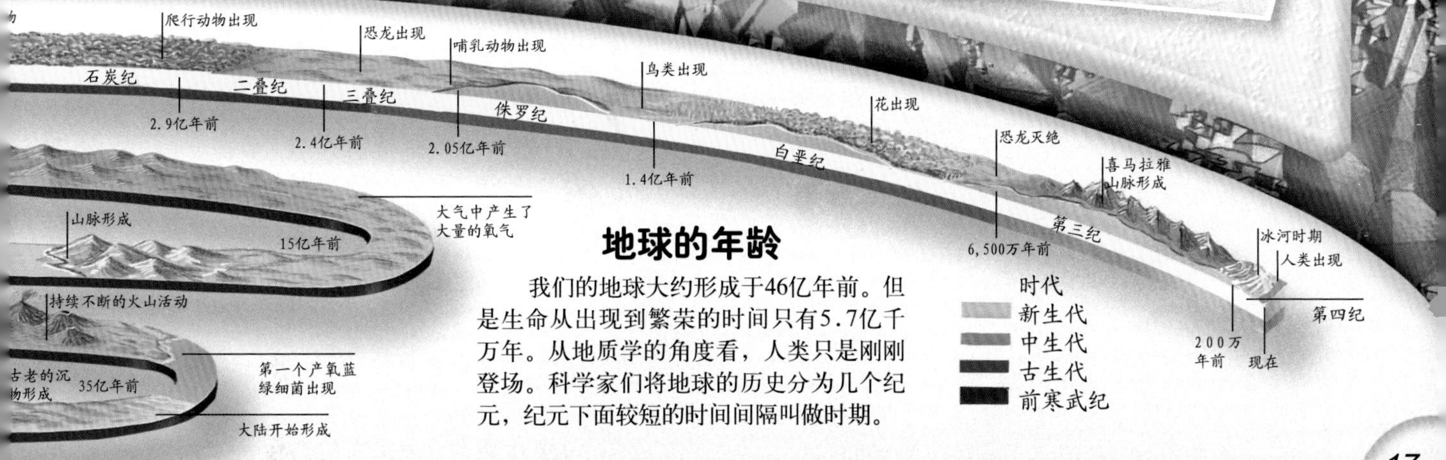

爬行动物出现　恐龙出现　哺乳动物出现

石炭纪　二叠纪　三叠纪　侏罗纪　鸟类出现　花出现

2.9亿年前　2.4亿年前　2.05亿年前　1.4亿年前　白垩纪　恐龙灭绝

喜马拉雅山脉形成

山脉形成　15亿年前　大气中产生了大量的氧气　第三纪　6,500万年前　冰河时期　人类出现

持续不断的火山活动

古老的沉积场形成　35亿年前　第一个产氧蓝绿细菌出现　大陆开始形成

地球的年龄

我们的地球大约形成于46亿年前。但是生命从出现到繁荣的时间只有5.7亿千万年。从地质学的角度看，人类只是刚刚登场。科学家们将地球的历史分为几个纪元，纪元下面较短的时间间隔叫做时期。

时代
- 新生代
- 中生代
- 古生代
- 前寒武纪

200万年前　现在　第四纪

黑曜岩（喷出岩）　　　　　　　　　绳状熔岩（喷出岩）

火之河

地壳上流淌着火一般的河流，它们由熔化的岩石和晶体的混合物，也就是从地球深处喷出的岩浆构成。如果岩浆从破碎的地表渗出，就变成熔岩。当岩浆和熔岩冷却变硬，就形成了岩浆岩。地壳中大部分岩石都是岩浆岩，但是这些岩浆岩都被深深地埋在沉积岩、海水、土壤和其他岩石下面。

岩浆岩分两种，侵入型岩浆岩和喷出型岩浆岩。侵入岩是指当岩浆在地下变硬后上升，穿过地壳，从硬而脆的岩石中挤过去而形成的。侵入岩形成后依旧在地下，当受到侵蚀或板块运动等自然力量作用时，侵入岩才会上升到地表。花岗岩是一种典型的侵入岩，当山脉被侵蚀至岩心时花岗岩就会露出来。岩浆透过地壳喷出地表形成熔岩，熔岩冷却变硬就形成了喷出型岩浆岩。玄武岩是一种典型的喷出岩，是构成大洋地壳的主要岩石种类。因为地球大部分都被海洋覆盖，所以地壳的大部分都是玄武岩。

侵入岩中的石英晶体让我们很容易辨别出其形成方式，侵入岩冷却较慢，形成肉眼很容易看见的大块水晶。另一方面喷出岩冷却迅速，形成极小的水晶体，只有用显微镜才能观察得到。

岛屿的形成

美国夏威夷州大岛上的基拉韦厄火山经常会发生强烈的喷发。当流动的岩浆冷却变硬形成了新的陆地。夏威夷的所有岛屿都是这样形成的。

岩浆迅速冷却，通常形成六面柱体。

背景故事

天空变暗了

公元79年秋天的一个下午，一座山的顶部破裂开。这就是意大利的维苏威火山。作家小普林尼就住在火山附近。当火山灰如下雨般落下时，小普林尼和他的妈妈刚逃出房子。后来小普林尼记录到——在火山正上方，颜色漆黑可怕的云彩分开，露出长长的巨大的火焰，黑暗降临，到处都能听到女人的尖叫、孩子的哭声、男人的呼喊声。他和妈妈不停地拍打掉在身上的火山灰，不然他们就会被火山灰埋在下面了，火山灰会把他们压垮的。但他们是幸运者，就在那天下午，赫库兰尼姆和庞贝两座城镇都消失在滚烫的岩浆、漫天的毒气和泥石流下。两个城镇被埋藏了几个世纪，熔岩在遇难者的周围凝固，在岩石里留下人形孔洞。科学家们用这个孔洞作为模子做了遇难者的模型。

安山岩（喷出岩）　辉长岩（侵入岩）

18

词汇解读

•软而黏的熔岩快速流动，最后形成绳状的**螺旋形岩石**。在夏威夷，这样的熔岩叫做**绳状熔岩**。黏稠而缓慢流淌的熔岩才形成**块状岩石**，叫**AA式岩石**。这个词读起来就像你光脚走过岩石时发出的声音。

知识魔方

•1815年，印度尼西亚坦博拉火山爆发。坦博拉火山的爆发是人类历史上最大规模的火山爆发之一，喷出的火山灰和毒气总体积多达150-180立方千米，5万多人在这次灾难中死亡。火山灰遮盖了天空，连续数周都见不到太阳。农业受到巨大影响，至少8万人死于因此引起的饥荒。

探索路径

•火山喷发发生在地球板块的边缘。阅读12-13页，了解板块运动。

•自然力量对地表的风化和侵蚀使火山栓显露出来。阅读14-15页，了解这个过程。

•一些岩浆岩里包含大量的水晶。阅读28-29页。

•怎样辨认岩浆岩？请看54-55页。

有翅膀的岩石

美国新墨西哥州的船型岩，是一座古代火山遗迹。当地的纳瓦霍人把这个457米高的结构叫做塔比达海，意思是有翅膀的石头。

火山栓

船型岩就是火山栓的一个代表。这些巨大的岩浆岩是经历了激烈的过程才形成的。

六面柱石林

当熔岩迅速冷却，会开裂收缩，形成六面柱的玄武岩。这些石柱在北爱尔兰被叫做"巨人堤"。它们大约在3,000万年前，因熔岩流到一块平坦的地区冷却形成。

玄武岩是岩浆岩的一种，由小块的辉石和长石晶体构成

坚硬的家伙

花岗岩是一种坚硬的浅颜色的岩石，通常包含着大量的长石、石英和云母。

在喷发过程中，火山喷出大量的火山灰和熔岩。岩浆和火山灰的混合物冷却形成岩浆岩，并形成圆锥型的山。

喷发结束时，岩浆在火山里冷却变硬。风化和侵蚀作用将山表面较软的外部侵蚀掉。

最终，自然界的力量将整个山完全侵蚀掉。只剩下火山栓，证明这里曾经有火山存在。

砾岩（岩石沉积物）　　　砂岩（砂石沉积物）　　　燧石（化学沉积物）

一层又一层

　　地球运动会将岩石翻出地表，散布开来，并将它们像蛋糕一样分层。这个过程从岩石被风化和侵蚀成小碎片开始，风和流水将这些碎片带入河流、湖泊和海底，并在那里沉积，这些碎片的沉积物堆积的数百万年中，黏合在一起形成了沉积岩。常见的沉积岩包括石灰石、砂岩和页岩。

　　风化和侵蚀像刀子切蛋糕一样将较松软的沉积层腐蚀开。它们还要侵蚀较硬的岩层，每层沉积岩的成分都不同，具有不同的岩石形态。由于每层岩石都在单独的环境下形成，所以科学家们通过研究这些岩层，就可以还原历史上这个地区的地貌形态。比如一些石灰石里有海贝的化石，它的生成环境曾是海洋；砂岩是在很久之前的河岸、河床或者沙漠中形成的。

　　沉积岩中会保留一些十分有价值的物质，比如岩层中的煤炭，是古代沼泽里的植物腐烂后形成的。在沉积岩岩层中发现的盐，有的是海水蒸发留下的。

盐滩

　　雨和高山上融化的雪水有时会将干涸的山谷变成季节性湖泊。当水蒸发完，就会留下一层盐的结晶物，叫做盐滩。下图为美国加利福尼亚州的死谷。

底层深红色的粉砂岩和泥岩是在远古时低洼湿地里形成的

中间层的油砂岩，粉砂岩和泥岩是在河流、沼泽和湖泊里形成的

自己动手

制作沉积岩

　　1. 收集一些砂砾，粗沙，细沙和泥土。每样舀几勺放在一个瓶子里，倒入半瓶水。拧紧瓶盖，摇晃瓶子，使几种物质混合。

　　2. 将混合物静置一夜。早晨起来后你会观察到什么？所有的物质都分层了，细沙在最上面，重的砾石在最底层。这就是水下沉积岩的分层。如果你将这瓶混合物埋在地下，几百万年之后就会变成沉积岩。

峡谷地区的形成

　　河流经常会切割岩石，形成峡谷和山谷。随着峡谷两侧的山崖越分越远，山谷就越宽，就会形成平顶山。

　　当海平面下降或者陆地升高，沉积岩就会露出来。河流切割岩石，在大地上形成窄的河道。

词汇解读

•**沉积**的英文词来源于拉丁语，意思是"安顿的"，动词形式也有"下沉"或"坐下"的意思。

•**峡谷**是两边陡峭的山谷。峡谷的英文词来源于西班牙语cana，最初是"管子"的意思。

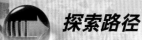

知识魔方

•沉积岩中的白云石和石灰石经常含有贝壳的碎片，这些碎片来自于一类叫有孔虫类的海洋微生物。这种单细胞生物非常小，一个整的贝壳能塞入针眼中。

探索路径

•阅读更多关于风化和侵蚀的知识。请看14-15页。

•沉积岩里经常有化石。这些化石可以帮助地质学家判断岩层形成的时间。请看46-47页。

•了解煤炭是如何形成的，看看煤矿里面是什么样子的，请看48-49页。

来自深海

这个外表奇特的岩石是一块贝壳石灰石。海洋贝类死亡，它们的贝壳沉积到海底形成这种岩石。日复一日，这些贝壳黏结在一起形成一块岩石。

古时水下的岩石

美国犹他州的殿礁这个名字是由一群早期的殖民者起的，当时悬崖挡住了他们的路，就像海里的珊瑚礁一样。这些沉积岩大部分于2亿年前形成于河底和沼泽里。

背景故事

攀 岩

只有一只胳膊的约翰·韦斯利·鲍威尔是一名地质学家，也是一名少将。1869年，他攀登了科罗拉多河上高耸的峡谷。那是他和助手第一次去研究河边的沉积岩。他和布拉德利爬到那里，试图寻找一条安全的路翻过急流。但是鲍威尔被卡住了，他的脚卡在了石缝里，左手抓着突起的一块岩石。布拉德利爬到岩石顶但是够不到他。他突然想到一个办法，他脱下裤子顺着悬崖垂下去。鲍威尔紧紧地抓住他的裤子，布拉德利将他拉了上来。如果不是布拉德利反应敏捷，鲍威尔可能已经遇难了。

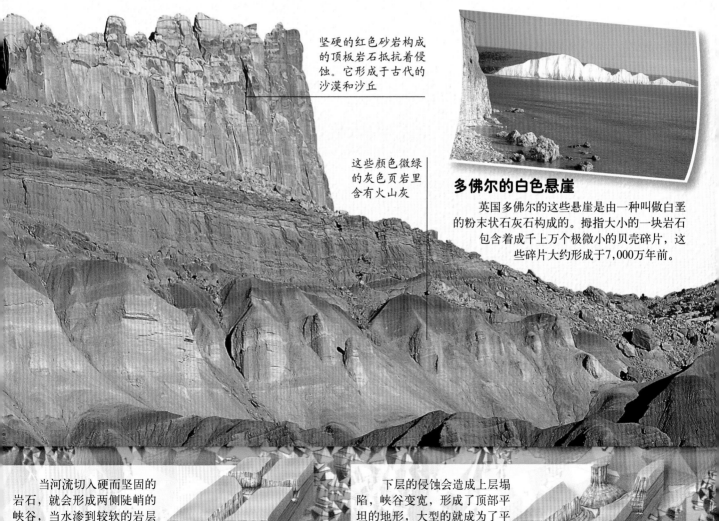

坚硬的红色砂岩构成的顶板岩石抵抗着侵蚀。它形成于古代的沙漠和沙丘

这些颜色微绿的灰色页岩里含有火山灰

多佛尔的白色悬崖

英国多佛尔的这些悬崖是由一种叫做白垩的粉末状石灰石构成的。拇指大小的一块岩石包含着成千上万个极微小的贝壳碎片，这些碎片大约形成于7,000万年前。

当河流切入硬而坚固的岩石，就会形成两侧陡峭的峡谷，当水渗到较软的岩层时，河流就会在坚硬的岩石下面开始侵蚀。

下层的侵蚀会造成上层塌陷，峡谷变宽，形成了顶部平坦的地形，大型的就成为了平顶山，小型的叫做地垛。

石英岩（矽岩）

褶皱片岩（变质岩）　带状片麻岩
状片麻岩）

岩石的变质

　　在地壳深处，压力条件使岩石变成一种新的岩石，这些变化了性质的岩石叫做变质岩。有些变质岩是被山脉巨大的压力挤压褶皱形成的，有些岩石是被极度高温的岩浆加热变质为其他种类的。不管哪种岩石，岩浆岩、沉积岩甚至是变质岩在极端环境下都会发生变质现象。

　　你或许会认为恶劣的环境会摧毁岩石，但实际上这种环境会使岩石更加坚固，这就像将雪压紧成为一个结实的雪球的道理一样。当带有细孔的石灰石受到挤压时，就会变成质地紧实、纹理均匀的大理石。片状页岩会变成更结实的板岩，成为黑板的主要材料。

　　当地下的变质岩裸露到地表时，我们就能看见地壳是什么样子的。当风、流水和其他自然界的力量将地表岩石侵蚀掉时就会发生这种情况——地表不结实的岩石被磨损侵蚀完，坚硬的变质岩从地壳里裸露出来，坚固地屹立着，经过挤压后的岩石就形成了山脉。

多彩的岩石

　　大理石有许多不同的颜色，这取决于岩石中矿物的种类。

斯普利特山

　　在美国加利福尼亚州的斯普利特山里，浅色的岩浆岩上覆盖着一层深色的变质岩。这些岩浆岩从前可能是沸腾的侵入型岩浆，岩浆加热上方的沉积岩使其成为变质岩。

这些大块的花岗岩是岩浆岩的一种，是岩浆冷却形成的

岩浆烘烤着沉积岩，使其成为变质岩

自己动手
模拟地壳发生褶皱

　　1.准备四种不同颜色的橡皮泥，分别做成一个扁的矩形长条。将四个长条上下叠在一起。想象这四层橡皮泥就是一块岩石。

　　2.用手慢慢地分别从橡皮泥两端向中间挤推，此时橡皮泥层会变形堆叠。当地壳板块碰撞时，地壳就会像这样发生褶皱，形成山脉。如果碰撞挤压的力度够大，山脉里的岩石会发生变质现象，这个过程叫做区域变质作用。

地壳的运动使岩石折叠、变皱。板块运动产生的热度和压力决定变质岩形成的种类。

区域变质作用

　　当移动的板块挤压一大片土地时，区域变质作用就开始了。

上层地壳
中层地壳
底层地壳

片麻岩
片岩

📖 词汇解读

- **变质**和**变质作用**这两个词在希腊语中是"形成"的意思。
- **片麻岩**这个词在古代的斯堪的纳维亚语中是"失去光亮"的意思。

✦ 知识魔方

- 变质作用能够将岩石变质成为其他种类的岩石，形成岩石的种类取决于热量和压力的大小。比如说页岩在中等温度和压力作用下能够变成板岩，在高温和高压下能够变成片岩，在极高温和极高压条件下会变成片麻岩。

🏛 探索路径

- 多大强度的板块撞击会导致地壳的褶皱，请看12-13页。
- 有些变质岩里可能含有宝石的矿石。请看34-35页。
- 如何鉴别变质岩，请看54-55页。

用变质岩建造的纪念碑

沙·贾汗为自己的妃子蒙泰吉·马哈尔建造了这座坟墓，也就是我们所说的泰姬陵，它位于印度的阿格拉。泰姬陵建于1632年至1654年间，全部由白色大理石建造。

 背景故事

眼见为实

地质学家詹姆斯·霍尔爵士举起枪，想要证明一个观点。他的好朋友詹姆斯·哈顿相信温度和压力可以使白垩类的岩石如石灰石和白云石变成大理石。其余的科学家都取笑他，只有詹姆斯爵士支持他朋友的观点。为了证明哈顿的观点，霍尔将白垩粉装进枪膛，将底部密封好，并烘烤武器。当枪冷却下来，他倒出来了一块类似大理石的石块。哈顿的观点是正确的！当时并不是所有人都信服，但是詹姆斯爵士在1798年到1805年间做了500多次类似的实验。今天，每个人都赞同他和哈顿的观点了。

在压力作用下

图中所示悬崖中的岩石曾经是页岩，压力将其变质成为板岩。

接触变质作用

岩	
岩	
灰岩	岩浆

石英岩	
角页岩	
大理石	岩浆

当岩浆透过岩石，向上渗透就会发生接触变质作用。岩浆团有的像一座山那么大，有的像一座房子那么小。

岩浆的热量作用于周围的岩石。周围岩石的种类不同，形成的变质岩种类也就不同。

奇石

　　当你觉得你已经认识了所有的岩石后，一些奇怪的岩石又冒出来了。就拿流星体为例，它们从外太空坠落到地球上，在黑暗的夜空里擦过一道闪亮的光线。这些流星体也叫流星。但是它们并不是星星，而是巨大又沉重的黑色岩石。当它们穿过大气层时，与空气的摩擦使它们表面燃烧起来。在过去，巨型的流星体就撞击过地球，留下巨大的陨石坑。而流星体降落到地球，就叫做陨石。幸运的是，大部分的流星体在经过大气层时就已经燃烧殆尽了。

　　并不是所有奇怪的石头都来自于外太空。比如说，有一种叫可弯砂岩的岩石，用手就能使它弯曲扭曲，就像折弯一根电线那么容易。这是因为可弯砂岩里含有韧性矿物。还有一种火山岩非常轻，甚至可以漂浮在水中，这种火山岩叫做轻岩。

　　其他的岩石只是看上去很奇怪。假化石就是看起来像化石的岩石。人们经常把它们误认为是史前植物或者动物的遗迹。有些岩石外观看起来像活的植物。你认为沙漠玫瑰就应该在花瓶里吗？但图示的这种沙漠玫瑰实际上是一种叫做石膏的矿物构成的岩石。

赛跑的石头

　　美国加利福尼亚州的死谷里，大块岩石旁边都有划过的痕迹，像是它们在泥泞土地上赛跑过一样。科学家们认为，这些岩石被冬天湖里结的冰抬起来，当冰融化时石块缓缓地落入水里，岩石就在河床里留下了痕迹。

水晶球

　　水晶球是内含水晶的空心岩石块。外表看起来普通平常，但是如果你敲开一个看看，你会感到非常惊讶！

沙漠之花

　　有些花是石膏做的。这些石膏做的玫瑰花是沙漠中含有钙质和硫磺的地表水蒸发后形成的。水蒸发后的石膏形成水晶，这些晶体在沙粒上生长，形成玫瑰形状的图案。

地下的水晶球

　　在火成岩或沉积岩的洞穴中会形成水晶球。当岩石被风化侵蚀掉后就会裸露出来。

　　当火成岩或者沉积岩岩层形成后，一些气泡上升会形成洞穴。含有溶解矿物的水有时会渗透到洞里。

📖 词汇解读

•在太空里飞驰的岩石叫做**流星**。如果流星落进地球，进入大气层后，由于它的速度极快，便与大气摩擦燃烧掉了。但也有少数流星因体积巨大，进入大气层没有完全燃烧掉而落到地面，这就是天外来客——**陨石**。

✦ 知识魔方

•每年坠入地球大气层的陨石有十万多吨。
•世界上最大的陨石坠落在非洲纳米比亚的一座北方小城赫鲁特方丹附近的荷巴农场里。这块陨石重约60吨，长2.7米，宽2.4米，厚0.9米。

🏛 探索路径

•不仅是有些岩石让人觉得奇怪，矿物也有不寻常的特性。请看38-39页。
•和第一个到过太空的地质学家去月球旅行。请看46页。
•所有岩石里都有可能形成水晶，不仅仅是在晶洞里。请看54-55页，学习如何鉴别岩石里的水晶。

● 背景故事

眼见为实

1992年10月9日，米歇尔·克拉普正在位于纽约市皮克斯基尔的家中。突然，她听见一声巨响，后来据米歇尔回忆，那就像三辆车撞到一起的车祸，她跑到屋外看看究竟发生了什么，发现自己车的后面像是被人凿了一个巨大的洞。这时，她瞥见车下方，有一块西瓜那么大的石头，散发着臭鸡蛋的味道，那就是一颗陨石。然而，陨石带来的并不都是倒霉事，收藏家用69,000美元买下了这块砸中米歇尔的车的陨石。收藏家们甚至用10,000美元买下了仅值300美元的废车。

然界的雕塑

假化石是一些外形奇怪的岩石。看来保留着古生命的形态。有些假化石起来像植物、动物甚至是人类。

外太空来的岩石

图示的这块陨石来自于外太空，坠落在智利的阿塔卡马沙漠。像这样的陨石大多数是小行星和行星上的岩石碎块。科学家们通过研究这些来自地球外的物质来进一步了解太阳系的历史。

闪电熔岩

坚硬的闪电熔岩是土壤、砂石或岩石被闪电击中而形成的。闪电击中这些物质，就会熔化，冷却形成一种细长的管状光滑岩石体。

含矿物丰富的水会在岩石溶洞的墙壁上沉积形成同心层的微小的水晶。每一层可能都有不同的颜色。

如果没有足够的水完全充满这个溶洞，中间可能会留下一块空间，这里有时就会形成石英水晶。

28

矿物形成的条件是什么？

你能通过观察颜色来辨别晶体吗？

请看**走近矿物**。

矿物

仔细地观察一块岩石，你会发现它是由一种或多种不同的极小碎片构成的。这些物质就叫做矿物。矿物是形成岩石的主要成分，它们在地球内部（或者其他星球内部）形成了稳定的化学成分。世界上有数千种不同的矿物，分别呈现出不同的颜色、形状和大小。比如说金属类的金和银，以及像钻石这样的珍贵宝石。矿物也会形成水晶这样有规则的多面晶体。通常情况下，不同种类的矿物聚在一起生长成为不规则的块状物，也就是岩石。而当有足够的空间生长时，矿物就会形成大型而美丽的晶体。

30

有些矿物里含有金属成分。你知道图中的石头里含有什么金属吗？

怎么从矿物里提炼金属？

请看**资源丰富的地球**。

32

金、银和铂都属于贵金属。这三种哪个最贵重？

在哪儿能发现这样的一块巨大的含金矿体？

请看**埋藏着的宝藏**。

34

地球上最坚硬的物质是什么？它是怎么形成的，在哪儿能找到它？

最珍贵的矿物是宝石。什么使这种矿物这么珍贵？

请看**罕见的美丽**。

36

人们在上千年前就开始使用这种蓝绿色的石头制作珠宝和其他的装饰品了。它的名字是什么？

有机矿物是由植物和动物制造的。珍珠是在什么动物体内生长的？

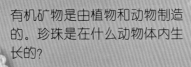

请看**颜色和形状**。

38

1666年，这些十字型石头在意大利的那不勒斯城随着大雨而下。它们是什么石头，来自哪里？

这些宝石会带来好运吗？

请看**神奇的矿物**。

铜：树状晶形　　　　　　　拉长石：块状晶形　　　　　　石榴石：等边晶

走近矿物

　　矿物是天然存在于地壳中的固体物质，它们是由化学元素组成的。8种元素组成了地球上99%的矿物质。它们是氧、硅、铝、铁、镁、钙、钾和钠。只含有一种元素的矿物称为单质。而含有多种元素的矿物则称为化合物。

　　就像人体一样，矿物中含有的微小粒子称为原子。如果你可以缩小它们到微观尺寸，你会看到原子在大多数矿物中形成了一个重复的三维结构，这使得矿物长成具有规则形状和多平面的晶体。一些晶体长成了立方体，另外一些则长成了具有三个或多个面的柱体，被称为棱柱。通常，一些矿物与其他矿物一起生长为不规则的块状物，称为岩石。在这种情况下，晶体可能非常小，你根本无法看到它们。但它们仍然会有一个规则的内部结构。

　　科学家们已经确定了2,500多种不同的矿物。我们可以通过检查它们的颜色、密度、硬度和晶形来区别它们。一种矿物的晶形是由其晶体组成的整体形状，它取决于晶体的内部结构和生长环境。有些晶形很罕见，有的看起来像一簇一簇的针，或者像葡萄串，有的甚至是像微型树木。

水晶链

　　一束束的晶体链组成这片纤维状晶形的闪石石棉，石棉纤维不会燃烧，所以常常被用作防火材料。

冰糖

　　钼铅矿一般结晶成为带有斜面的方形薄板。这就是所谓的板状晶形。晶体的形状和淡棕的颜色，使它们看起来很像糖果。钼铅矿晶体通常是透明的。它们有时形成图案，被称为幻影，是由于其他微量矿物被困在晶体中的原因。

多样化的衣橱

　　矿物颜色多样。例如，萤石就有几种颜色，包括绿色、黄色和紫色。不同的颜色是矿物中不同的杂质造成的。

词汇解读

- **矿物**这个词拉丁文中包含"矿物"或"矿石"的意思。
- **水晶**这个词在希腊语中的意思是"冰"。古希腊人认为石英是由结冰了的水构成的,水被冻得太结实了,再也不会融化。
- **菱锰矿**用拉丁语拼写rhodon,是"玫瑰"的意思。

知识魔方

- 1940年,人们在巴西发现了世界上最大的黄水晶。重约270千克,在美国纽约的自然历史博物馆里展出。
- 在美国的南达科他州,矿工们发现了一块无色透明的矿物,叫做锂辉石。长约14.3米,重达80吨。

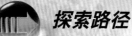

探索路径

- 学习如何鉴别岩石和矿物。请看54-55页。
- 蓝铜矿里包含铜。请看30-31页,了解这种金属的更多信息。
- 在岩浆岩和变质岩中经常会发现大块的水晶。请看18-19页。
- 有些人相信矿物有神奇的力量。请看38-39页。

庞大的矿物

微小的晶体可以生长成为庞大的矿物。晶体以不同的速度生长,但是每种都保留着各自的内部结构。下图所示的黄玉是圆柱形,叫做棱柱惯态。它长到50.3千克重时才成为这个形状。人们将这样的晶体切割成大块宝石。左下图所示是切割后的宝石,叫美国黄金黄玉。重约4.5千克。

自己动手

自己造一块水晶

自己在家就可以用盐和水造水晶。

1. 将盐溶解于温水中,直到液体饱和。在铅笔上系一根线,悬挂在瓶口。

2. 随着水的蒸发,绳上就会形成盐块晶体。盐结成块状是因为其分子排列成块状,随着盐块的生长这个过程不断重复着。

3. 如果想结成大块的晶体,就把小的晶块割掉。如果晶体停止生长了,就在水中继续加盐。

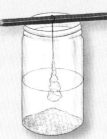

永恒之蓝

蓝铜矿经常以不同的形态存在,但是不管哪种形态,它们的颜色都是深蓝色。有时蓝铜矿会呈现为这种形状的,使它看起来像是一串葡萄。人们经常打磨蓝铜矿物来做珠宝。

自然之针

铬铅矿通常是针状结晶体,这种罕见又易碎的矿物是收藏家的最爱。澳大利亚的塔斯马尼亚岛出产上好的铬铅矿标本。

依然穿旧衣

许多矿物始终呈现为同一个颜色。比如菱锰矿始终是红润的粉红色,孔雀石一直是鲜绿色,而硫磺永远是鲜黄色。

斑铜矿（铁矿石）　　　方铅矿（铅矿石）　　　铝土矿（铝

资源丰富的地球

地球上有许许多多有用的矿物。包括金属类的金、银、铜和铅，非金属类的硫磺和盐。有利用价值和开采价值的矿物叫做矿石，这些矿物已经被人们开采和使用了数千年。

被开采最早的矿石之一是铜。有的铜在地表上呈现为块状纯金属，很容易辨认和开采。其他的金属，如金、银和铝也会以这种方式存在。我们将这样的矿物叫做天然金属。然而，大多数金属会和一些其他的元素混合，形成矿石。比如说铝，它通常和氧结合在一起形成铝土矿。而铅几乎从不以纯铅的形态出现，而是存在于方铅矿和白铅矿中。人类花费了数千年时间学习如何从岩石里提炼分离金属。

金属不是岩石里仅有的有用物质，人们还从岩石里提炼一系列非金属矿物。比如制作铅笔的石墨、加热石膏可以得到熟石膏等，人们甚至开采岩石加入到我们的食物中。你知道你经常吃的一种矿物叫做岩盐吗？其实就是我们熟知的盐。

液态岩石

这些银色的小珠子是汞。惟一一种在室温下成液态的金属。它形成于朱砂里，是一种红色的矿石。汞通常用来做体温计，因为汞对温度极细微的变化都很敏感，可以给我们精确的数值。

美丽的硫磺

硫磺是一种鲜黄色的非金属矿物。一般形成于温泉和火山口附近。在古代，通常被称为"地狱之火的燃料"。硫磺看起来很美丽，但是很容易和氢结合，形成硫化氢，有刺鼻的臭鸡蛋气味。尽管如此，人们还是用硫磺制造肥料、杀虫剂等化学制品。

制造钢

钢是铁和碳的混合物。钢可以用来制造很多物品，从汽车到器皿，从火车到工具。制造钢需要很多复杂的工序。这些图介绍了制造钢的主要步骤。

铁矿石

焦炭

石灰石

钢是由铁、焦炭（用于燃烧的一种煤）和石灰石炼出的，要先从铁矿石里提炼出铁，铁矿石里一般含有铁和氧。

将所有的原料倒入有25层楼高的熔炉里。工人们向熔炉里鼓吹进热空气用来升高炉温。焦炭和矿石中的氧形成一氧化碳。熔化的铁沉淀到熔炉底部。加入石灰石去除杂质，这些废料就是我们所说的矿渣。

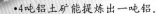

词汇解读

• **铜**的英文单词来自于塞浦路斯的一个岛屿的名字，5,000年前，人类在这个岛上第一次开采**铜矿**。

• **赤铁矿**是一种主要的铁矿。当开采出来时，它呈现为红色粉末状。**赤铁矿**的英文名字来自于希腊语，原意是"血一样的"。

• **铝矾土**的英文名源于法国一个叫**莱博希亚**的城镇，1821年，人们在这个城镇发现第一处铝矾土矿。

知识魔方

• 4吨铝土矿能提炼出一吨铝。

• 1加仑水重约3.8千克。但是1加仑汞却重达52千克。汞的密度非常大，以至于铅片能像小船浮在水面上一样浮在汞上。

探索路径

• 最贵重的金属有哪些？请看第32-33页。

• 大多数现代建筑物都采用钢来加固。请看第8-9页和42-43页。

• 铝和钛这些质轻而结实的金属经常用来建造飞机、直升机甚至是宇宙飞船。请看50-51页。

铜的颜色

铜即以单质存在于一些矿石中，左下图所示的是红色的天然金属铜，看起来像是一团电线。但是当铜和其他元素结合，形成的矿物通常呈现为蓝色或绿色。铜矿石包括青绿色的绿铜锌矿（最左边）和深蓝色的蓝铜矿（右边）。

长钉状的辉锑矿

它们看起来像针垫上乱七八糟的长针，但实际上它们是辉锑矿晶体。辉锑矿是富含金属锑的主要矿石。

背景故事

以色列的古代铜匠

我叫所罗门，住在以色列亭纳的一个山谷里。我是铜匠，为古埃及法老开采铜矿。我们开采的铜主要来自于一种绿色的孔雀石。我帮着我的爸爸和兄弟以熔炼的方法从孔雀石里分离铜，我们先用木炭加热熔炉里的孔雀石，然后用管子吹气，使木炭燃烧得更旺。爸爸向熔炉里添加粉碎的孔雀石和木炭，我和兄弟不停的吹气。过一会儿，等熔炉冷却下来时，黑色的矿渣块沉淀在底部。我们将矿渣粉碎，获得小球状的铜。整个工作非常辛苦，但是我们提炼的铜使我们的名声享誉整个埃及。

铁被倒入另一个包含钢屑的熔炉里。向铁水里吹进热空气，一方面保持铁水的温度，另一方面与铁水中多余的碳元素结合，降低了铁的含碳量，使其变成钢。

熔化的钢被倒入一个连续的定型机器里。这个机器用滚轴挤压钢将其铸成长条状。向钢条的表面洒水使其冷却，并将其切割成块，叫做钢板。

钢板工人将钢板弯曲、切割并卷为不同的形状，比如钢筋、大梁、钢板和钢管。这些钢材被卖给工厂，制造成各种各样的产品。

线

主梁

片材

管道

埋藏着的宝藏

　　地球上埋藏着大量稀有珍贵的宝藏。闪烁着光芒的金、银和铂散布在地下和地表，等着人们去挖掘。回溯到6,000年前，波斯湾附近的人们就已经开采金和银了。他们捶打这些软金属，锻造出首饰和其他美丽的物品，就像我们现在做的一样。另一方面，铂金直到18世纪才被发现。铂金极度稀有，甚至比黄金还值钱。

　　稀有金属总是以单质形式存在。它们存在于原生矿脉——充填在各种岩石裂缝中的矿床里。它们也会与砂和砾石混合存在河床中，这种沉积叫做含金砂积矿。当侵蚀作用将金属从岩石上分离下来，水会将它们冲进河里，金属就会沉积到河底。

　　金通常用于制作美丽的首饰。但是在工业用途方面也非常有价值。比如说金不会生锈，所以电子仪器中极为重要的零件常常用金制造。金非常耀眼，当卫星和其他空间设备用金做外壳时，金会反射掉那些损害仪器的宇宙辐射线。

银线

　　热岩浆沉积形成树状的自然银。小部分开采的银被制成银币、首饰和器皿，但是大部分的银都被用于制作感光胶片。

　　当你拍摄时，光线射到胶片的乳剂层上，到达卤化银晶体，晶体感光发生变化，聚结形成照片。

背景故事

淘金热

　　我叫彼得，是一名探矿者，在北加利福尼亚的山中探金矿。我曾经住在美国东部城市波士顿，是一名银行家。有一天我在报纸上读到有一个人在美国河里发现了黄金。我就辞掉了工作向西部的旧金山进发。一路上，我看到了很多被遗弃的农场和商店——所有人都加入了淘金热潮。我在1849年初到达那里，我的伙伴们叫我淘金客。我希望，很快他们就会叫我有钱人了。

中头奖

　　天然铂矿块很少有比一个豌豆大的。左图中所示的铂金块就是实物大小，算得上大块的矿块了。最好的铂金来自于俄国的乌拉尔山。铂金一般用来制作首饰，但是它们也经常充当一些默默无闻的角色，比如说用来制作汽车里用来吸收脏物和毒气的防污染滤器。

词汇解读

- **铂金**在西班牙语中的意思是"银色的"。它显示了该金属的颜色。
- 数个世纪以来，人们用**黄铁矿**来生火。用黄铁矿石击打燧石或铁，就会产生火花。
- **银**的化学符号是**Ag**，来自于其拉丁语名字argentun，意思是"白色的发亮的"。

知识魔方

- 1869年，澳大利亚的蒙利拉格开采出世界上最大的金块，被命名为欢迎陌生人。重约70.8千克。
- 铂金很稀有，以至于907,000千克的铂金原石只能提炼出0.45千克的纯铂金。
- 黄金质地柔软，延展性高，28克的黄金可以拉伸出80千米长的发丝般细的金丝。

探索路径

- 金、银和铂金都属于天然金属。请看28-29页，阅读更多关于天然金属的知识。
- 贵金属有时是从矿石中提取的。请看30-31页。
- 欣赏美丽的金制品。请翻到44-45页。
- 学习如何鉴别矿物。请看55页。

不要被愚弄

探矿者经常将这种闪闪发亮的黄色矿物——黄铁矿，当作黄金。这也是它的昵称"愚人金"的出处。但是学会如何鉴别就不会被愚弄了。你可以通过这种方式区分它们，用一小块没有上过釉的白瓷器划金属的表面，黄铁矿的表面会留下黑绿色的痕迹，而金的表面会留下黄色的条纹。

黄金矿块

图中这么大的黄金矿块很稀少。这两块是1870年在澳大利亚开采出的黄金矿块的石膏模型。分别叫做坎特伯雷的子爵和子爵夫人。如果这是真的黄金矿块，两个孩子就抱不动了，同体积的黄金是铅的两倍重。

有些黄金也长大

黄金可以在沉积岩里长大，就像土豆在土壤里长大一样。科学家们认为水流带着极小的黄金微粒移动并和细菌簇到一起。

沉积岩里用显微镜可见的细菌与极小的溶解于其中的金原子裸露在湿地上。静电使黄金吸附于细菌上，这就好比纸屑会吸附于在头发上摩擦过的橡胶棒上一样。

慢慢地，越来越多的黄金吸附在细菌上并使其变坚硬，像是给它穿了一副盔甲。细菌的分支不断向外生长，随着黄金的变厚，分支之间的空隙变得越来越小。

过一段时间，一块极微小的只能用显微镜才能看见的天然金块就形成了。溶解的黄金继续吸附在金块上。最终，可能会长成左图所示大小的金块。

下图所示的照片是通过显微镜拍摄的。薄薄的一层黄金覆盖在一团细菌上。上面已经被侵蚀作用打磨光滑。

罕见的美丽

一些矿物自身就是一类，它们被称为宝石，因为特别漂亮而被收藏。最有价值的宝石，被称为珍宝，它有两个额外的品质：罕见且耐用。人们寻求稀世珍宝，是因为他们喜欢独一无二的物品。他们看重坚硬的宝石，因为这些矿物可以长期保持原样而不会被划伤或摔坏。珍贵的宝石包括钻石、红宝石、蓝宝石和绿宝石。

一些宝石是在变质过程中形成的，即地壳中的岩石由于板块运动而被掩埋、挤压、加热而变为宝石。例如，红宝石可能是沉积岩在山体形成时被转化来的。另一方面，钻石生长在地下深处的上地幔，绿宝石是液体花岗岩冷却时在其内部或外部形成的结晶。宝石的硬度取决于原子的大小、排列和类型。

宝石可能是火山喷发或板块运动被带到地表面上的，被侵蚀后暴露了出来。流水可以将宝石从岩石层冲刷出来并将其带到河床上，这些沉积物被称为砂矿。发掘宝石的过程有点像大海捞针，矿工们经常要挖500吨的矿砂才能得到28克的钻石。

宝石之王

钻石是地球上最坚硬的天然物质，它还拥有任何其他宝石都无法比拟的耀眼光彩。许多钻石是无色或澄清的，但大多数都带有轻微的黄色色调。这里可以看到著名的128克拉的蒂芙尼钻石，就是闪闪发光的淡黄色。其他花哨的颜色包括粉色、绿色、蓝色、紫色和红色——都是世间罕有的。

红宝石

红宝石（左）和蓝宝石是两种类型的矿物，统称为刚玉。如果少量的铬与刚玉混合，所得的呈红色矿物即被称为红宝石。红宝石的颜色从淡红色到紫色不等，血红色的红宝石是其中最稀有，最珍贵的宝石。某些红宝石也用于发射激光。

在压力下

钻石形成于地面以下约145千米或更下方的上地幔中。伴随岩浆岩形成金伯利岩的过程中，宝石被带到了地表。下面是金伯利岩形成的基本原理。

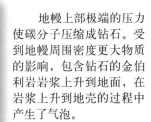

地幔上部极端的压力使碳分子压缩成钻石。受到地幔周围密度更大物质的影响，包含钻石的金伯利岩岩浆上升到地面，在岩浆上升到地壳的过程中产生了气泡。

背景故事

庞奇钻石

1928年4月，12岁的威廉·琼斯，绰号庞奇，有了一个惊人的发现。当时庞奇和他的父亲格罗弗，正在美国西弗吉尼亚州彼得镇家后院里投掷马蹄铁。当其中一个马蹄铁落地时，父亲和儿子听到响亮的一声"铛"。当庞奇拨开泥土，他看到一个蓝白色的水晶，在阳光的照射下闪闪发光。"你看，我找到了钻石"，他对他的父亲说。庞奇把水晶放入一个雪茄盒内，一放就是15年。1943年，格罗弗请专家鉴定了这颗钻石，专家证实这实际上是一颗34.48克拉的钻石——是有史以来在美国东部发现的最大的一颗钻石。琼斯一家人把钻石在博物馆展出，现在已是家喻户晓了。1984年，他们把这颗钻石卖了，这颗发现于一个尘土飞扬的马蹄坑的蓝色石头，拍卖到74,250美元。

寻找蓝宝石

这个采集器使用水泵抽出河流沉积物从中寻找蓝宝石。沉积物用筛子进行过滤。当采集器翻腾筛子上的沉积物时，离心力将较轻的矿石如石英石推向四周，较重的红锆石和蓝宝石被留在了中心（右上图）。

天然钻石

像左边这样的钻石通常是在金伯利岩中发现的。它们多有八个面，称为八面晶体，看起来像把两个金字塔从底部粘在了一起。

西瓜碧玺

绿"皮"粉"肉"，碧玺晶体看上去很像一个大块西瓜。碧玺的颜色种类繁多，它可以是粉红色、红色、蓝色、绿色、紫色、橙色、黄色、棕色、黑色，甚至是完全透明的。它们的颜色取决于矿石中所含的金属，粉红色含锰，而绿色可能含铁或铬。

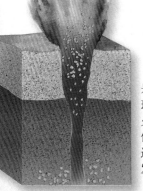

有时集结的气体或岩浆和地下水之间的物理反应导致了爆炸性的火山喷发。这个爆炸熔化的岩石穿过地壳。最近一次爆炸性的火山喷发发生在约60万年前。

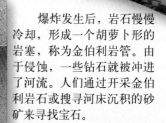

爆炸发生后，岩石慢慢冷却，形成一个胡萝卜形的岩塞，称为金伯利岩管。由于侵蚀，一些钻石就被冲进了河流。人们通过开采金伯利岩石或搜寻河床沉积的砂矿来寻找宝石。

当这些石头刚被开采出来时，它们表面粗糙，而且没有任何色彩。但是经过仔细的打磨和抛光后，这些石头就会呈现出光彩照人的色彩。

逆时针从左上角开始依次是：天河石、碧玉、虎眼石、蔷薇辉石、雪花黑曜石、赤血石、花边玛瑙、血石

软玉

颜色和形状

有一些石头不仅种类繁多而且样式美丽，但是由于这些石头非常普遍，所以它们没有那些稀有的而且珍贵的宝石值钱。但是因为它们丰富多彩的颜色或形式各异的轮廓，我们还是要收集和珍视它们。有的时候人们把这些石头用来装饰宝石。千百年来，人们使用装饰的石头来提升衣服、珠宝的艺术美感。例如，大约在两万年以前，法国人用一种叫碧玉的抛光了的红色石头做成珠宝。

装饰石通常是一块小的、交互生长的晶体。这是一个很固定的习惯，因为没有发现规则的晶体形状。水晶体的结合可以创造出惊人的形状。例如，玛瑙就有像波浪一样带状的颜色。它们是由包括几种不同化学物品的小玉髓晶体交替构成的，也会形成比较大的石英晶体。

其他类型的石头。例如有机宝石是由植物和动物的有机体演变而成的，珍珠就生长在贝壳里，海洋生物的骨骼形成了珊瑚，墨玉是一种黑色的宝石，它是由煤演变而成的，是动物或者植物的遗体演变而成的岩石。

二合一

软玉和翡翠石这两种不同的矿物质都可以被称为"玉"。这两种玉都非常坚硬而且有很多种颜色。自从公元1000年起，新西兰人就开始把软玉雕刻成艺术品。

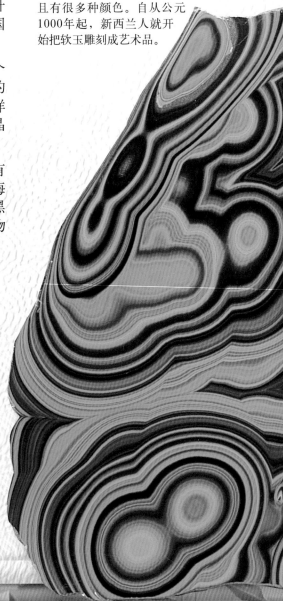

顶级蓝

青金石正是由于它丰富多样的蓝色而变得珍贵，经常被制作成珠宝。古埃及人就用被磨成粉的青金石来化眼影。在文艺复兴时期，欧洲的艺术家就用这种粉末制作价值连城的颜料。艺术家萨塞塔在他的一部名叫《圣弗朗西斯把他的斗篷给了一个贫穷士兵》的作品中就使用了这种颜料，来提升斗篷的价值。

青金石

宝石的形成

当一粒沙子流进了牡蛎、蛤蜊或者贻贝里，经过它们的磨合，珍珠就开始形成了。

这些海洋生物受到了外界的刺激以后，就会用一种叫珍珠质的物质包裹这粒沙子。珍珠质开始变得有层次，大约在七年以后，就会形成珍珠。

词汇解读

•威尼斯商人曾经在土耳其市场购买绿松石，然后将其卖给欧洲人。结果，购买这种宝石的法国人将其称为彼埃尔绿松石或者土耳其石。

•青金石来自于拉丁文lapis和阿拉伯文lazaward，意思是"石头"、"天堂"或"天空"。

知识魔方

•北美埃布洛人曾经将绿松石珠子放入他们的坟墓里。美国新墨西哥有个有名的墓地叫做pueblobonito，埋藏着大约24,900颗这种珠子。

•高质量的青金石产于阿富汗的巴达赫尚山，人们开采这种资源已经超过六千年。

探索路径

•大多数的装饰石都会大规模出现。请看28-29页，了解矿物形态。

•含有水晶的石头经常形成晶球洞。请看24-25页。

•几个世纪以来，人们一直用装饰石来做珠宝。请看44-45页。

•琥珀是一种有机宝石。它看似是一种矿物质，但实际上是一种石化的树汁。有时它包含古代的生命形态。你可以在第60页看到这种琥珀。

自己动手
摇滚打磨

大多数装饰石在自然状态下是粗糙的，而且黯淡无光。为了能够使这些石头呈现它们原有的形状和颜色，收集者就会使用一种滚筒机来给石头打磨抛光。这个机器包括一个依靠电动滚筒而转动的空心鼓。你可以买滚筒机，但是学习如何使用这个机器的最好的办法是参加一个宝石俱乐部。这些人收集装饰石，并且将其抛光打磨，然后用它们来制作珠宝。

为了打磨这些石头，你要把这些岩石放入这个空心鼓中，加入水和粗砂。然后让这个机器开始运转大约一个星期。下一步，你要在这个机器中加入细沙，然后让机器再运转一周。这些沙子磨光了石头的棱角，使其变得光滑。最后你要倒出这些沙子，加入细抛光粉，然后再让这个机器运转。这个抛光粉会让石头光彩照人。

石头的形状

绿色花纹赋予孔雀石独一无二的美丽，淡绿色条带是很多簇非常小的晶体。深绿色条带包含较大的晶体，但是它呈现很多不同的形状。图中所示是一块较大的孔雀石，其他的形态还有纤维状的、放射状的（辐条放射状的）、葡萄状的（像一串葡萄）。

孔雀石

深海宝石

珍珠是一种小而圆的石头，人们经常将珍珠用线穿起来做成项链（如上图所示）。人们已经知道如何改变珍珠的形状。这些佛珠（右图所示）是这样形成的：将小铅佛像注入活着的贻贝里，很多年以后，贻贝用珍珠质层覆盖这些佛像。这项技术始于12世纪的中国。

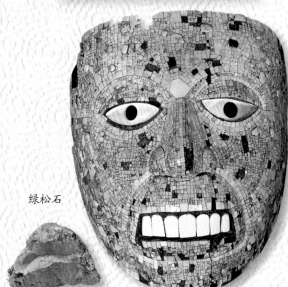

绿松石

上帝之面

绿松石的最早使用记录可以追溯到公元前五千年的美索不达米亚（现在的伊拉克），在那里人们使用这个宝石来制作珠子。北美洲的阿兹特克人用绿松石来制作耳坠和礼仪面具。这个面具大约制造于1500年，代表着阿兹特克人的风之神、羽蛇神。

人们把小珠子放入到贝壳里来制造养殖珍珠。在小珠子周围生长的珍珠质和在沙子周围生长的一样。

切成两半以后，天然珍珠在小石子的周围呈现出很多的同心层，然而养殖珍珠只在小珠子的周围有几个同心层。

天然珍珠

养殖珍珠

 可以预见未来的
石英水晶体

 能够辟邪的眼睛玛
瑙石

神奇的矿物

矿物具有非凡的形状，矿物的颜色和固有的属性使早期人类感到非常惊讶。我们的祖先对光滑、透明，看起来像冰却不会融化的石英以及长得像针似的、葡萄状的和十字形的感到特别好奇。他们对某些矿物的特性也迷惑不已，比如有磁性的磁铁矿、包裹着昆虫的琥珀。

他们的困惑使他们对矿物产生了崇拜，其中一些是有事实根据的。比如将石英放在人的额头上能够退烧，因为这种矿物是热的绝缘体，能够保持冷和热。如果将其放在一个寒冷的地方，它就会保持冰冷和镇静，像一块凉毛巾。北美土著人在进行仪式时将石英晶体互相摩擦，来制造闪电效果，石英在互相击打或挤压时确实会发光——这个特性就叫做摩擦发光。

其他与矿物相关的迷信和崇拜就没有科学依据了。一些希腊的儿童佩戴石榴石以避免被淹死，一些中东的农民将绿松石拴在马尾巴上，保护马不发生意外。在许多地方直到现在还有人相信水晶有治病功能，甚至能够预知未来。

自己动手

糖和光

在一个黑暗的屋子里，拿一块方糖，用一副钳子夹方糖。糖块就会发出微弱的光，再用大点儿力气夹糖块直到糖块碎掉，这时你会看见蓝色的闪光。

当你挤压糖的晶体时，它会碎成带有正负电荷的碎片。不同电荷之间会产生能量，从而产生火花。火花与空气中的氮气发生反应发出蓝色的火花。通过摩擦而产生火花的实验叫做摩擦发光。像石英和萤石这样的一些矿物也会摩擦发光，一些矿物经过摩擦会发出很亮的火花，因为他们包含的化学元素也会同时发光。

猫眼石

在你观察这块宝石时，似乎它也在盯着你看。它的颜色和发射的光使它看起来像猫的一只眼睛，这个过程叫猫眼效应。有些矿物被琢磨成光滑的圆形宝石时就会出现这种效果，图中所示的这个金绿猫眼石就像是猫的一只眼睛，亮黄色的光是由一种矿物的一束平行纤维影响的，这种矿物叫做金红石，能够反射光线。

圣水晶

1666年维苏威火山喷发时，那不勒斯市下起了漫天的十字架雨。人们觉得这是个奇迹。事实上这些十字架是辉石晶体以巧合的角度生长而成的。这个过程叫做孪晶。

萤石

荧光矿物

荧光矿物在紫光灯下会闪烁鲜明的色彩。一些矿物例如钻石，可能会在灯关了以后一段时间还闪烁光亮，这种现象叫做磷光性。当矿物吸收光线就会发生这样的变化，它们在不同的波长下会发生再辐射，产生可见光。

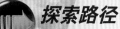
- 人们曾经认为将**玉**放到身体一侧可以治肾病。
- 古希腊人认为，如果你把一个**紫水晶**放在酒里，就不会喝醉。
- **祖母绿**被称为绿宝石之王，是相当贵重的宝石，国际珠宝公认的名贵宝石之一。

- 古埃及人把绿宝石放在木乃伊的喉咙里以使其保持在阴间的坚固。
- 在中世纪，一些医生认为，如果人们在身上擦上鸡血和草药，他们可以隐形。
- 在17世纪，著名的英国医生威廉·罗兰声称碎石榴石可以治疗心脏疾病。

- 岩石也有一些奇怪的特性。请翻到24-25页。
- 再了解更多奇形怪状的矿石。请看28-29页。
- 许多稀有的宝石被制成了首饰。详见44-45页。
- 某些矿物质具有非凡的性能，只是我们最近才学会了使用它们。请看50-51页。

菱锶矿

月亮的碎片

　　某些种类的长石有珍珠般白色光泽。人们认为，这看起来像是月亮的反射，所以他们称这些矿石为月光石。白色光泽实际上是由多层能反射光线的微小晶体造成的。罗马博物学家普林尼认为，如果你将一颗月光石高高举向星星，它会收集星光。

1月

石榴石

2月

紫水晶

3月

海蓝宝石

大理石中的红宝石

　　镶嵌在大理石中的红宝石与许多神话联系在一起。缅甸的士兵们认为，如果把红宝石缝到自己身上，战斗中红宝石就会保护他们。另外一些人则认为，如果一颗红宝石变暗了，不好的事情就会发生在它的主人身上。

4月

钻石

5月

翡翠

6月

珍珠

7月

红宝石

8月

橄榄石

9月

蓝宝石

诞生石

　　诞生石可以追溯到远古时，它们可能与嵌伦伦胸甲上的12颗宝石相关。亚伦是一位犹太牧师，是先知摩西的兄弟，这12颗宝石代表了以色列的12个部落。后来，人们开始将诞生石与十二星座关联，再后来是出生月份。今天，人们仍然认为你的诞生石可以给你带来好运气。

10月

猫眼石

11月

黄宝石

12月

绿松石

硅锌矿（绿色）和方解石（红色）

收集岩石和矿物

纵观历史，人们收集岩石和矿物来制作有用的材料和物品。人们用它们制作实用的工具，建造房屋和其他的建筑物，也用它作燃料，以及制作饰品和珠宝。一些人收集岩石和矿物进行研究，这些人被称为地质学家。如果你喜欢的话，你也可以成为一名地质学家。你所需要的只是一些简单的工具和一些关于岩石和矿物的基本知识，然后研究你住所附近区域的地质情况，观察一些不寻常的地貌，收集一些有趣的标本。最终，你会拥有你自己的岩石和矿物收藏品。

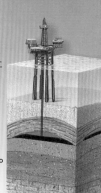

52 如何将岩石和矿物分类、储藏？

请看**做个岩石迷**。

54 怎样分辨不同的岩石和矿物？

请看**辨别岩石**。

56 这是什么地质构造？

请看**上山采集**。

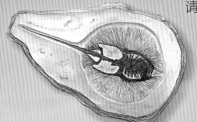

58 地质学家在海边寻找什么？

请看**海滩地质观察**。

60 一些岩石里包含着古生物的遗体和遗迹。

请看**寻找化石**。

建筑材料

　　几百万年来，人们一直用岩石来建造房屋和其他的建筑。早期的人类寻找天然的岩洞躲避风雨，后来渐渐地学会自己来建造这样的避风港。他们开始使用木头、茅草或者泥砖来建造避风港。但是他们渐渐地意识到，只有用石头建造的才最坚固、最耐用。

　　随着人类技术水平的提高和对岩石进一步了解，人们开始用石头来建造房屋。古埃及人学会了如何从石矿上采集石灰石，然后用石灰石建造大规模的金字塔。他们还发现了如何使用巨大的花岗岩石板来铺路和筑墙。罗马人使用石灰华，一种乳白色有气孔的石头来建造优雅的寺庙和巨大的体育场。在公元前2世纪，中国人开始用花岗岩和其他的岩石来建造世界上最长的墙——长城，大多数这些古代建筑还存留至今。

　　随着时间的推进，人类创造了新的材料和技术。他们学会用沙子来制作玻璃，切割石板瓦来制作屋顶。近代，他们开始用钢或者混凝土（水、碎石和水泥的混合物）来建造摩天大楼。今天，你随处都能见到人们对岩石的有效利用。

背景故事
建造长城

　　一个大臣觐见秦始皇，大臣禀报：北方匈奴骑兵入侵秦国境内的一个村庄。听到这个消息时，秦始皇愤怒地说："我们必须阻挡这些入侵者。"他命令人们巩固现存的防护墙，而且还要建立许多新的防护墙。秦始皇发布命令以后的第11年，也就是公元前210年，这些防护墙已经形成了一个非常宏伟的长城。后来许多朝代都继续修筑长城。今天，长城总长约两万多千米，坐落于中国的北部。

自己动手
用书建造一座桥

　　很多早期的人类例如玛雅人，他们建造桥、拱门、门道时像建造阶梯一样，把石头垒起来，直到两边最上面的石头几乎可以连接到一起。然后他们在上面再放一块石头，形成一个拱门。你也可以用两个椅子和一堆书来做同样的事情。

　　把两把椅子相对放在两边，大约相隔46厘米。在每把椅子上都垒上书。这些书要有层次地摆放，向另一把椅子的方向倾斜，形成阶梯状。当两面的书几乎要连接到一起的时候，在上面放上一本书，就形成了拱门或者桥。

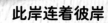

此岸连着彼岸

　　澳大利亚新南威尔士的悉尼港桥是由很多不同的岩石和材料建成的。这个桥于1932年完工，一共使用了38,000吨钢（铁和焦炭的混合物）。电缆塔是由花岗岩建成的，地基采用的材料是黄砂岩。

从窑洞到高层建筑

　　经过多年的学习和经验总结，人们现在使用很多种不同的岩石和材料来建造房子。

凝灰岩材料

　　大约三千年以前，土耳其卡帕多西亚的赫梯人在石头尖顶里安家落户，这种石头是一种叫做石灰华的火山岩。一些这样的房子至今仍被使用。

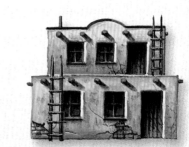

砖的累积

　　美洲的土著居民用泥砖建造房子已经有很长的历史了。这些砖是用泥的混合物（磨碎的岩石）、稻草和水做成的。

• **建筑**这个词在古英语中用表示 bold，意思是"房子"或者"住所"。**水泥**在拉丁文中的拼写为caementum，意思是"坚硬的石头"。

• 罗马人把他们的体育场称为**角斗场**。古罗马斗兽场就是一个角斗场。

• **埃及金字塔**是人类最大的建筑群之一，成为了古埃及文明最有影响力和持久的象征之一，这些金字塔大部分建造于埃及古王国和中王国时期。

• 印加人在1400-1532年间统治着南美洲的西部。他们不是用砂浆，而是用切割了的石头堆砌出大型的建筑。

• 科学家认为史前人类大约要花费3,000万个小时来建造英国南部的史前巨石阵。这个数字相当于你要每天都在学校里学习24个小时，一共要学习3,424年。

• 玛雅和埃及的金字塔都是由石灰石建成的，这种石头是一种沉积岩。阅读20-21页，了解更多关于沉积岩的知识。

• 用来建造悉尼港桥的钢是由铁矿石炼制的。你可以在30-31页找到制作方法。

首先，他们建造一个粗糙的墙，然后在墙的背面用碎石填补漏洞

然后，他们用切割好的石灰石板来建造一个外墙

玛雅金字塔

大约两千年以前，玛雅人生活在墨西哥和中美地区，他们使用如本书中所展示的技术建造大规模的石庙，有的石庙里埋葬了他们的统治者。很多这种金字塔存留至今。

外墙的外部覆盖上一层细灰泥

寺庙就建

花匠在灰泥上画出鲜艳的颜色，做出漂亮的图案

再把岩石敲打成碎石

工人们把石灰石切割成矩形的石板

然后在外面安放石头，这些石头是经过石匠精心雕刻的

乡村小屋

在英格兰的西南部，人们曾经用一种叫做鲕状岩的沉积岩来建造他们的农舍（如左图所示）。他们用切割成小平片的鲕状岩来当做屋顶的瓦片。

高层建筑里的生活

现代公寓大楼让人们的生活领地变小了。这些大楼的框架大多是钢的，地板大多是水泥的，窗户大多也都是钢窗。

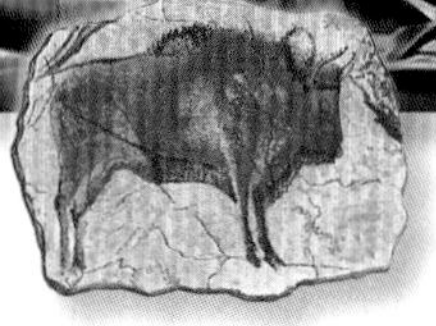

岩石的艺术

古代人已经能把岩石和矿物质制作成艺术品。大约在25,000年以前，史前人就使用岩石和矿物质制成的染料在岩洞墙壁上画出美丽的图案。5,000年以前，古埃及人用石英、黑曜石、青金石、金子等多种矿物质来制作珠宝。后来古罗马人和古希腊人在大理石石板上雕刻规模宏大的艺术作品。现在，人们常去博物馆欣赏这些艺术品。

但是岩石艺术不仅仅呈现出美丽的画面，因为古代的艺术作品还让我们了解了祖先的生活方式。洞穴壁画让后人了解到第一种被人类狩猎到的动物，金属工具和武器让后人知晓了我们的祖先是如何工作和战斗的，古代的珠宝告诉人们古代哪种矿物最珍贵，雕刻艺术呈现给后代的是一种艺术的结晶。

如今，我们仍然在艺术创作中使用岩石和矿物。我们用珍贵的金属和宝石制作珠宝，用石头和金属进行雕刻。现代技术使我们比祖先更容易创造出岩石艺术作品。例如，先进的技术使我们更容易从地壳中开采石头、宝石和金属，我们知道如何将不同的金属混合从而得到更加坚硬的金属。我们还知道如何切割宝石，从而使其更加光彩照人。在几千年以后，我们的岩石艺术作品也许会帮助后人来了解我们的生活。

皇冠上的明珠

这个光彩夺目的皇冠制作于1605年，为了庆祝欧洲东部特兰西瓦尼亚史蒂芬·柏克塞王子登上王位。这个皇冠用黄金做成，上面镶嵌着红宝石、祖母绿、绿松石和珍珠。

现代岩石艺术

许多艺术家使用金属来创作现代雕刻。如左图所示，这个艺术家正在打磨一件青铜（金属铜和锡的混合物）雕刻艺术品。

岩石上的绘画

北美的纳瓦霍人使用岩石粉末来绘画。首先，他们使用由岩石、矿物、植物和灰制成的染料来给沙子着色。然后他们轻轻地把沙子倒在平地上，画上传统的图案。起初，纳瓦霍人画这些绘画是为了举行仪式，等仪式结束以后，他们会毁掉这些绘画。

这个面具是用黄金制成的

图坦卡蒙的面具

这个精致的死亡面具是为一位埃及国王图坦卡蒙制作的。公元前1361年，9岁的国王登基，然而在他18岁时就神秘地去世了。他的臣民将他的遗体做成木乃伊，在他的头上和肩上都覆盖上这种面具，然后将他放入金字塔内。考古学家霍华德·卡特于1922年发现了埋葬他的这个墓穴。

埃及人没有足够多的绿松石来制作头巾上的条带，所以他们使用蓝玻璃来代替

衣领用绿松石、石英和绿长石来装饰

词汇解读

•宝石的单位是克拉。克拉这个词来源于希腊语的keration，是"刺槐豆"的意思。那时，人们用刺槐豆来测量宝石。一克拉大约是一个刺槐豆的重量——0.2克。

知识魔方

•非洲纳米比亚的洞穴壁画是世界上最早的岩石艺术品，大约有两万七千五百年的历史。

•在古埃及，像图坦卡蒙这样的皇家陵墓大约有几百个。但是几乎每一个都在密封后不到十年就被盗了。

探索路径

•石头要经过抛光打磨才能成为珠宝。请看第37页，找到其制作方法。

•宝石是矿物质的结晶。请看28-29页，了解更多关于结晶体的故事。

•金子是一种珍贵的天然金属。请看32-33页的两个天然金块，看看它们是如何形成的。

背景故事

一天内的所有工作

宝石切割者拉扎尔·卡普兰手里拿着一个像玻璃蛋的东西。但这不是个蛋。它是1934年在南非被雅克布·琼克发现的，一个重726克拉的琼格尔钻石。两年以后，钻石持有者雇用卡普兰将其分割成小块。卡普兰在宝石上刻出一个沟槽，他紧张得直流汗，因为一旦切错了地方，这个钻石就会变成碎片。屏气凝神，他在这个沟上放了一把钢尺然后快速地敲击这个钻石。咔嚓一声，这个钻石分成完美的两半。卡普兰松了一口气。最后，他将这两半钻石切割成12块，每一块都价值一百万美元。

青是用石英
黑曜石做成
眉毛和眼
使用青金石
的。

光的作用

宝石切割者能够使宝石发出奇光异彩。他们在石头表面打磨有棱角的点或者面。光进入宝石的每个面并反复折射，最后被反射出来。不同的切割方法会使光发生不同的折射。下有普通宝石的切割图解（左图）和切割宝石的例子（右图）。

桌面切割

祖母绿型

圆钻型切工

梨形明亮割

心形明亮割

以天然形状磨圆的宝石（磨光而不刻面）

地质学家使用的显微镜　　　　地质图和罗盘

揭开岩石之谜

一旦人类意识到岩石的价值，问题也随之而来：岩石来自何处？是否还会生长？为了找到这些问题的答案，人们开始研究岩石，但得出的结论却不一定正确。比如古希腊哲学家亚里士多德曾说矿物产生于地球内部的蒸气；仅仅200年以前，大部分科学家还都认为世界只有6,000年的历史。

今天，研究岩石的人被称为地质学家，他们对岩石有了更多的了解。地质学家如同侦探一样，在全世界范围内搜索关于地球历史的蛛丝马迹。由于岩石是在不停地慢慢变化着的，所以很多证据已经消失了。但是地质学家们通过一系列的现代技术和设备来获取残存的线索。他们从海底钻取沉淀物；监测地震以了解地下的情况；使用显微镜检测矿物和化石，甚至还制作了能够模拟地球地质变化的电脑模型。

他们的探索工作得到了回报，今天我们已经知道地球有46亿年的历史，并且掌握了地球的形成过程及持续变化的原因。感谢一位勇敢无畏的地质学家，让我们了解到了我们的近邻——月球的地质状况。

优美的画面

在卫星影像里给不同的岩石赋予不同的颜色，科学家们就能得到各种岩石分布情况的示意图了。这幅卫星影像展示了位于中国西藏的喜马拉雅山脉的部分图像。大部分岩石为花岗岩，在图中显示为橘棕色。而蓝色的小片区域则是沉积岩。

背景故事

第一位登月的地质学家

1972年12月11日，哈里森·杰克·施密特踏上了崎岖不平的月球表面。地质科学家登月考察"阿波罗"17号任务的组成部分，施密特是第一位登月的地质学家，到目前也是唯一一位。他知道这次任务有着特殊的意义。正如他之后所说的月球是"地质学家的天堂"，他采集了包括角砾岩和其他火成岩在内的众多岩石样本。科学家们通过研究这些岩石获取了大量关于月球的信息。他们发现月球曾经历过熔岩喷发、地震以及多次小行星撞击。施密特的月球岩石采集之行大获成功。

工作中的地质学家

在出现地质学难题的地方，你总能发现科学家们探求答案的身影。好奇心能使他们攀上山巅，也能使他们深入洞穴。图中的地质学家忍受着酷热，正在研究美国夏威夷州一处炽热的熔岩通道。

绘制海底地图

海洋深处有着巨大的山脉，幽深的峡谷和广阔的平原。科学家通过多种多样的技术和设备来研究它们的形成。

通过计算声波从海底反射回轮船所用的时间，科学家们能测量出海底山谷的深度和山脉的高度。

词汇解读

•对地球的物质组成、内部构造、外部特征、演变历史的研究叫**地质学**。
•**显微镜**的希腊单词mikros和skopein，分别是"小的"和"看着的"意思。

知识魔方

•大洋脊位于海洋中，覆盖了地球23%的面积。大约和所有陆地面积一样。
•如果你在美国的南落基山上向下挖16千米深，你就会找到和科罗拉多大峡谷底部一样的石头——毗湿奴页岩。

探索路径

•地质学家是怎样研究地球内部的？请看10-11页。
•地球已经有了46亿年的历史，但是从地质学的角度看，人类才刚刚登场。请看16-17页。
•你想成为一名地质学家么？请从阅读52-53页开始吧。
•你对化石着迷吗？请看60-61页。

自己动手
制作一个地心标本

为了研究岩石层，科学家们从地壳里采集地心标本。它们用冲孔的钻头打入地面进行采集。你可自己用橡皮泥和吸管制作自己的地心标本。

1. 用几个不同颜色的橡皮泥制成的宽而平的长块，依次叠起来。

2. 取一只坚硬的粗的吸管慢慢插进橡皮泥层里。

3. 将吸管抽出来，请让成年人帮忙剪开，就得到自己的地心标本了。

探索过去

通过研究科罗拉多大峡谷悬崖上的化石和岩石，地质学家可以画出一幅大峡谷的历史图片。它的历史可以追溯到20亿年前。从标签的底部往上读，这样可以更好的追溯历史，右边的数字表示大峡谷每一部分的形成时间。

百万年前

凯巴布高原石灰岩：含有海洋生物的遗骸 —265

托罗维普砂岩：由海底沙子沉积形成 —270

科科尼诺砂岩：含有的沙漠里的遗骸 —275

隐士页岩：由河流中的淤泥形成 —280

苏佩群：由河流和海洋里沉积的泥沙形成 —300

雷德瓦尔石灰石：含有晚期海洋生物的遗骸 —340

庙台石灰石：在温暖的海洋里由更多的海洋生物生长，死亡而形成的 —375

莫夫石灰岩：由早期海洋生物的遗骸形成 —520

光明天使页岩：由海里的泥浆和淤泥被冲上岸后形成的 —540

特皮特砂岩：当海洋漫过古老的侵蚀山而形成的海岸遗迹 —560

琐罗亚斯德花岗岩：岩浆侵入毗湿奴页岩后，经过缓慢的冷却形成

毗湿奴页岩：构成一部分山脉的变质岩，这种山脉于20亿年前由两个板块相撞形成

—2,000

科学家们利用迷你潜水艇观察水下山脉——大洋脊。许多大洋脊上有"海底黑烟囱"，就是地壳里沸水上升的通道。

电脑可以帮助我们做海底的地图。如图所示的是大洋脊。最高的洋脊是红色的，最低的是蓝色的。

泥炭　　　　　　煤　　　　　　铀

燃料岩石

岩石为全世界提供了能源燃料。煤、石油、天然气和其他能源等都分布在沉积岩的夹层中。如果没有这些能源的话，汽车无法启动，飞机无法起飞，冬天也无法取暖。

煤是用途最广泛的燃料。我们通过燃烧煤来获得热量和能源。煤是由远古时代遗留下来的沼泽植物沉积形成的。植物腐烂在泥土里，变成了泥煤——一种类似潮湿烟草的物质。有时候沉积岩形成在泥炭层顶部，用它们的重量挤压泥炭层形成煤炭。这些被挤压的泥炭先是变成了一种被称为褐煤的深棕色岩石，由于越来越多的岩层不断向下挤压，褐煤变成了烟煤。在这种剧烈的挤压下，烟煤变成了无烟煤，一种坚硬的、闪亮的、黑色的煤。煤被挤压得越严重，它的质地就越硬，就能够释放更多的能量。

不幸的是，我们的煤、石油、天然气等燃料储备就要用光了。因此，人们在寻找其他的能源，一种叫做核能源的物质被发现，它来自于含有丰富的铀矿的岩石。铀是一种原子量大的重金属，原子一旦分裂，能量就释放出来，这种能源经过核电站的处理变成了电力能源。

空中的东西

当人类燃烧石油、煤和天然气时，会产生一种被称为烟雾的污染物质。这是一种灰尘、烟和气体的混合物，会使人们呼吸困难。

现代采矿业

几个世纪以来，人类已经能够下降地表以下的沉积岩层挖煤。今天，机器做了大部分的挖掘工作，这里展示的工序被用于大部分的煤矿中，它被称为连续采煤法。

煤炭工人挖掘穿过岩石的隧道时，他们用金属支柱支撑着隧道的顶部

矿工乘用被称为升降车的金属电梯下降到采煤工作面

为了到达采煤工作面，煤矿工人要进风井，风扇在进风井的顶部提供给他们空气

海底燃料

海洋微生物死亡，他们的尸体落到海底，经过几百万年的时间，淤泥逐渐覆盖在海洋生物的尸体上，变成了沉积岩。

石油和天然气是由那些腐烂的海洋动物尸体受岩层挤压形成的。岩层继续堆积在死亡的海洋生物上面。

随着岩石压力的增加，这些海洋生物逐渐变成了石油和天然气。

- 铀命名于希腊的天神**乌拉诺斯**。
- **石油**是古代海洋或湖泊中的生物经过漫长的演变形成的，属于化石燃料。
- **天然气**是一种多组分的混合气态化石燃料。

- 澳大利亚东南部温根的一个地下煤层已经起火五千多年了。烟不停地从山里冒出，山体被烧得滚烫，人无法靠近它。温根这个词来自于土著语，意思是火。

- 煤是一种沉积岩。请看20-21页，阅读更多关于岩石的知识。
- 你知道钻石是哪一种物质构成的吗？请看34-35页，阅读更多关于钻石的知识。

用上风竖井将煤炭带向地表。滚轴上方的电扇用来抽出矿井里的霉味

煤被装在单节机动有轨车里运走

煤被装在吊斗的大金属容器里带到地面

被粉碎的煤落在传送带上被带到矿井上面

粉碎机用它锋利的齿轮将煤粉碎

背景故事

敲石头男孩儿

我叫保罗，我在美国宾夕法尼亚州斯克兰顿的一个煤矿里干活。我的工作是用锤子敲碎页岩，拣出煤炭。这就是为什么人们叫我"敲石头男孩儿"的原因。我每天干很长时间的活儿，经常天很黑了才能回家。煤很脏，黑色的灰尘布满了我全身，钻进我的鼻孔和嘴里。老说我们挖出的煤灰给新蒸汽机车提供燃料。我想这样的话我的工作很重要。矿工们要从工厂买炸药来炸开岩石，找到更多可以开采的煤。或许我过完生日就会升职了，1894年5月6日是我11岁的生日。

近海石油

科学家们用近海钻井平台来开采海底沉积层的石油和天然气。如左图所示的钻井平台，工人们可以打50个钻井，每天可以开采数百万桶石油。大部分钻井平台可以使用25年左右，但是有一个已经使用了60多年了。

海底的石油和天然气透过岩层上升，它们能够渗透过可渗透岩层，比如砂岩，但是被页岩这类的不可渗透岩层挡住。

在一定条件下，石油和天然气集中在不可渗透岩层这样的储备层下。天然气在上面，石油在天然气下面。人类钻井到储备层开采燃料。

金红石（钛矿）　　　石墨　　　钻石

钟表上的芯片

近些年，地质学家的最新研究以及技术的进步帮助我们发现了岩石和矿物的新用途。例如在19世纪80年代早期，两个科学家兄弟发现了一种常见的矿物——石英，当石英受到挤压时会产生电流。今天，石英的这种特性正好用在时钟和手表里用来计时。石英也是制作硅的原料，硅常用于电子仪器中，是一种非常好的导体。没有硅，我们就不能玩电子游戏，也不能使用电脑、手机、电视机和音响。

当代技术还能让我们用岩石和矿物的提取物制造超级坚固的物质。科学家通过从石油或者塑料树脂中获得的碳纤维，制造出一种坚固而富有弹性的物质，就是我们平时所说的石墨纤维。制造商将这种物质运用到各个领域，从网球拍、滑雪板到鱼竿。科学家已经学会了用从岩石中提取的石油来制作其他的合成纤维，如塑料袋、油漆和燃料等。

岩石和矿物能够帮助人们到外太空旅行。例如金属钛，能够和其他的金属混合得到自然界中不存在的一种质轻、坚固而且从不生锈的合金，对于建造航天器来说，它是建造宇宙飞船的理想材料。

保持凉爽

当航天飞机由太空返回大气层时，由二氧化硅制成的外舱壳可以保持舱内不受高温影响。这些硅瓷砖有很好的隔热效果，即使外部达到1,260℃，内表面也能保持在你可以用手触摸的温度。

有效载荷门是由碳、石墨和玻璃纤维的混合物制成的，同样体积下比铝轻23%

背景故事

一个挤紧

1880年，一对化学家兄弟——雅克和皮埃尔·居里决定进行一项实验。他们用一个特殊的锯将石英切成了薄片。然后在石英薄片的两边分别贴上一片锡。接着他们用一种机器挤压锡将其紧紧地包裹住这种矿物质，在这种压力下，石英产生了一小束电荷。两兄弟对这项结果感到非常兴奋。1920年，科学家发现了石英的"压电现象"，它可以用来计时。今天，几乎所有的时钟和手表都是由微小的脉冲石英晶体制成的。

窗是用凯芙纶纤维这种材料制成，并用银色胶布覆盖以防阳光刺伤航天员的眼睛

用碳来加固鼻锥体，以抵抗高温

窗口有一个防刮的金刚石涂层

计算时间

装有电池的石英晶体电池手表每秒振动32,786次。电气装置根据它们的振动次数分成秒、分钟和小时。

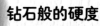

钻石般的硬度

用钻石做成的防刮涂层可以保护这些普通的太阳镜镜片不被刮花。这种涂层最初是为了保护航天飞机上的窗户。

词汇解读

• **石墨**是一种由碳元素组成的质软黑色物质，常被用来制作铅笔。

• **压电**的意思包含有"挤"，"捏"。

钛的名字取自希腊巨神族**泰坦族**，该族以其强大的力量和高大健壮的体格闻名。

知识魔方

• 一个差不多纽扣大小的硅片竟含有成千上万个电气元件。

• 目前开采出来的95%的钛被用来制造一种可以使纸张、油漆和塑料变得更白的颜料。

探索路径

• 石英是最普通的矿物之一，存在于很多岩石之中。请看54-55页，了解更多石英信息。

• 钻石形成于深深的地壳里。请看34-35页，看看它们是如何出现在地表的。

用耐热性强的二氧化硅涂在航天飞机的边缘和底面，可以防止航天飞机在进入地球大气层时被摩擦产生的极度高温烧坏

钛金属的热防护板可以保护轨道机动系统

机翼边缘用碳加固

轻质铝合金框架

太空时代的石头

美国国家航空航天局顶级高科技交通工具——航天飞机，是由岩石、矿物以及它们的提取物制成的，在你自己的家中或许就可以找到很多这样的用于太空器的原料。

坚实的滑板

一种叫做凯芳纶纤维的人造纤维可以起到加固滑雪板的作用。芳纶纤维是从岩石圈里的石油提炼出来的，这种纤维要比钢坚实五倍，是被研制出来应用于制造航天器的。

制造芯片

计算机靠一种极小的含有微型电路的晶体硅来加工处理信息，这种晶体是由石英制成的。

用碳加热石英，当它生成熔融硅时，就可以开始制作晶体硅了。

将硅的晶体滴入到熔融硅中时，硅晶体体积会膨大，然后将它切成薄片状。

再将每个硅晶体薄片切分成成百上千个长方形——芯片。技术员会在每个芯片上面蚀刻出微小的电路图案。

分别将芯片安装在陶瓷底盘上。仅一个小小的芯片就有足够大的能量运转起一个小型计算机。

放大镜　　　　刷子　　　　钳子

做个岩石迷

你可以像专家那样收集并研究岩石。准备工作很简单，不需要太多的工具。准备一个石锤，一个样品收集袋，一个笔记本，一支笔，一副安全眼镜，一把钳子，几张报纸，另外再准备有关岩石和矿物的手册，就可以出发啦，记得出发前要带上零食哦。

几乎任何一个地方都可以找到岩石和矿物。首先从你的后院开始吧。如果没有后院，或者是在后院内找不到很多岩石的话，就沿着溪流岸边或露出岩石的地方仔细查看。要时刻注意安全，小心滚落的岩石，避开采石场。如果能和朋友结伴的话会更安全也更有乐趣。假如要收集的岩石涉及私人财产的话一定要首先获得对方的同意，要做到像一位被邀请的客人一样有礼貌，只收集那些对你的研究有用的岩石。要做一名岩石迷，专注于自己的目标，决不可贪心。

找到喜欢的岩石时，记录下岩石的具体位置，发现时间以及发现人。你可以用钳子将岩石上你不想要的部分修剪掉。但一定要戴上安全眼镜保护好眼睛，用报纸包好岩石，放入袋中。回到家后，清洗岩石并数清岩石个数，然后将所有的采集信息都记录到索引卡上。现在你就可以展示自己的岩石了。

近距离观察

你可以用放大镜近距离观察岩石，看看它的表面是粗糙的还是光滑的？你能分辨出岩石里面的矿物吗？

把你发现岩石的细节都写在索引卡上，记录下你发现它的地点和时间

一个个的小架子就可以完美地展示出岩石和矿物样本

自己动手
制作展示柜

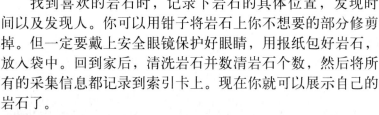

用一个装鸡蛋的包装盒就可以制作出一个简单的岩石和矿物的展示柜。这种包装盒是展示小样本的理想选择，而且携带起来也方便。如果想要一个较大的展示柜就选择一个大的、边缘不高的纸箱。在纸箱中放入一个个小盒子或是用厚质卡片将它分成一个个的小隔间。只要在剪卡片时注意卡片的长度和宽度便可，然后将卡片剪出一条小缝，使卡片能够紧紧地扣在一起。

样本准备工作

将采集来的样本带回家后，要轻轻地打开外面包裹的报纸，然后照右面的方法去做。

首先，给岩石抹上肥皂，用牙刷或是其他较软的刷子轻轻刷洗，之后再用水冲干净。如果岩石质地很脆的话，便可省去这一步。

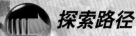

•搜寻岩石和矿物的人被叫做**岩石迷**，因为他们采集岩石的兴趣与专注跟猎人捕获猎物是一样的。

•收集到的岩石和矿物叫做**样本**。样本来自拉丁语，意思是"看"。

•**博物馆**在希腊语中用mouseion表示，意为"研究的地方"。

•人们开始收集岩石的历史至少可以追溯到230万年前，也就是人类的祖先开始用岩石作为工具的时候。

•英国的自然历史博物馆拥有世界上最大的岩石收藏量，包括35万种矿物标本和10万种岩石标本。

•学习如何辨识岩石和矿物。请阅读54-55页。

•找出岩石和矿物的区别。请阅读28-29页。

•看看在哪里能够收集到岩石。请阅读56-57页。

•喜欢在海边收集自己喜爱的东西吗？那就阅读58-59页，看看对海边收集的建议吧。

秀一下

你可以像博物馆一样摆列你收集到的标本。首先，根据手册的指导辨别出不同种类的岩石并贴上标签，然后分类。可以根据找到的地点划分，也可以按照种类分为岩浆岩、沉积岩和变质岩。易碎的标本要放在盒子里或是抽屉里，千万不要把标本都藏起来不让别人知道，既然是自己辛辛苦苦收集来的，就应该骄傲地展示给大家。

背景故事

出色的收藏家

澳大利亚岩石收集爱好者阿尔伯特·查普曼创建了一个私人矿物收藏馆，他从孩提时代就开始在自家附近的海港收集岩石，之后在国内旅游途中也收集别具一格的岩石标本。他还喜欢去逛矿山，有时候会从采矿工人那里买来一些岩石，他会拿这些岩石与其他的岩石收集爱好者进行交易，但是他自己找到的岩石仍然是他的最爱。他说："任何你自己收集起来的东西都是那么让人激动兴奋"。阿尔伯特总也不厌倦对岩石和矿物的收藏，他解释说："我喜欢它们自然地露出地表，喜欢它们多样的颜色和奇特的形状。"阿尔伯特于1996年逝世，他的收藏现在陈列于悉尼澳大利亚博物馆内，供世人观赏。

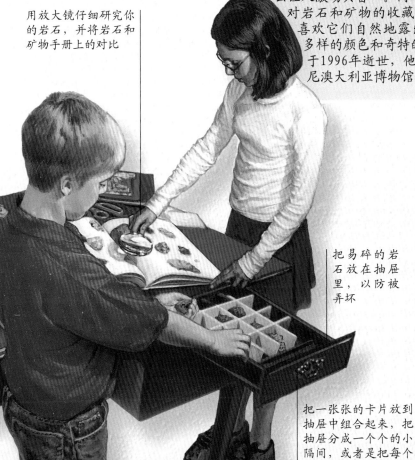

用放大镜仔细研究你的岩石，并将岩石和矿物手册上的对比

把易碎的岩石放在抽屉里，以防被弄坏

把一张张的卡片放到抽屉中组合起来，把抽屉分成一个个的小隔间，或者是把每个样本分别放在一个小盒子里

向专家学习

参观当地的博物馆可以帮助你了解到更多你关心的领域中的地质学知识。博物馆通常都会陈列许多有趣的岩石和矿物，有的标本可能和你收集到的是同一类的，也有很多来自其他国家的独特标本。

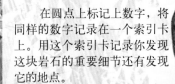

接下来，用模型漆或是涂改液小心翼翼地在岩石的底部画一个圆点。让圆点自然晾干。

在圆点上标记上数字，将同样的数字记录在一个索引卡上。用这个索引卡记录你发现这块岩石的重要细节还有发现它的地点。

辨别岩石

就像每个人都有不同的个性一样，岩石和矿物质也有它们各自的特点，使它们能与其它的岩石区分开来。比如说，你可以通过对光泽、密度和硬度的判断辨识出矿物的种类。通过判断岩石颜色、质地和含有的矿物种类来推测出岩石的形成过程。学会辨别这些特征你就可以成为顶级岩石观察员了。

当你发现某一种令你感兴趣的岩石时，要仔细地观察一番。看看它是由一种还是多种矿物组成的。世界上至少存在600种基本的岩石类型，所以如果是岩石的话，你应该首先缩小该岩石的范围，试着辨识出岩石的种类，是沉积岩、岩浆岩还是变质岩。通过一些明显的线索，如岩石上晶体的形状、大小、结构，还有分布，可以帮助你做出判断。比如大多数的侵入岩浆岩都有从大型到中型不等的矿物颗粒，但是如果不用放大镜是无法观察到的。

如果岩石含有大量的晶体，有时候可以直接分辨出它属于何种矿物。有很多小实验可以帮助我们分辨。比如石英和方解石看起来虽然很相像，但是石英要更坚硬一些，所以将两者放在一起摩擦，石英会磨坏方解石。将你观察到的结果与岩石手册上的信息作对比。稍微实践一下，很快就能学会辨别岩石。

右图为沉积岩，也叫砾岩，含有乳石英成分，周围还有小部分的沙、泥土和铁的氧化物

乳石英

鉴别岩石种类

当你发现一块不认识的岩石时，捡起来仔细观察一下。这么大块的岩石有多沉？它是什么颜色的？你能列出关于它的明细吗？比如岩石中的晶体结构，彩色的条纹，块状还是鹅卵状的？所有这些特征都可以帮你初步辨别岩石——确定它是沉积岩，火成岩还是变质岩。

岩浆岩

岩浆岩含有大量的易于辨认的石英晶体，表面光滑，纹理比较完全。但总的来说，它们结构都很均匀，甚至连颜色分布也一致

花岗岩

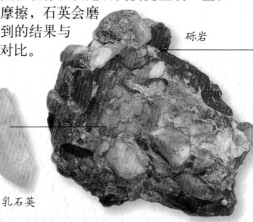

砾岩

沉积岩

沉积岩由不同大小的物质组成层理，看起来就像不同岩石的混合物。沉积岩很少有光泽，也少有易于辨认的晶体颗粒。如果你在某一岩石中发现了化石，那它可能会是沉积岩

长石

石英

显而易见，这块花岗岩含有大量的长石、石英和云母成分。其它岩浆岩像玄武岩，含有质地上乘的晶体，但需借助放大镜才能看到

云母

矿物著作

人们收集岩石已经有几千年的历史了，但直到1546年，实用的矿物方面的书才问世。第一本书是由一位名叫乔治·阿格里科拉的德国科学家创作的。阿格里科拉写这本书时是德国一个主要矿业中心的医生。每天他都会去矿上参观一次，获得了大量的岩石方面的知识。他还是第一位通过外形、颜色、硬度和光泽来辨别矿物的科学家，这也正是现在我们辨识矿物的方法。

词汇解读

- **莫氏硬度表**命名于其创始者，澳大利亚矿物学家弗里德里克·莫氏。他于1822年创造了这种硬度标准。
- 岩石迷经常会分不清一种叫做**磷灰石**的矿物。这种矿物看起来与**海蓝宝石**、**橄榄石**和**萤石**等其它的矿物很相似。

知识魔方

- 尽管金刚石是地球上最硬的矿物，但是它却易碎，如果你用铁锤敲打它，就可以把它砸得粉碎。很多优质的金刚石都被这样不小心地砸坏了。
- 方解石是一种很常见的矿物，它是"伪装能手"。有三百多种不同的晶体形式，比任何一种矿物都要多。

探索路径

- 了解炽热的岩浆岩的形成。请阅读18-19页。
- 制作自己的沉积层。请阅读20页。
- 了解在温度和压力的条件下变质岩的形成过程。请阅读22-23页。
- 矿物的形状可以帮助我们了解它的特征。请看28-29页。

莫氏硬度表

莫氏硬度表借用10种硬度依次增加的矿物，来确定其它矿物的软硬度。用石英去刮擦另外一种不明身份的矿物，如果这种矿物的表面留下了刮擦的痕迹，那么则说明这种矿物要比石英软一些。也可以用相同的方法测量下边这些参照物的软硬度。

 片麻岩表面粗糙，被一层层深浅不均的矿物覆盖。片麻岩看起来很像花岗岩，但一般说来，片麻岩含有的晶体成分是呈层状分布的，而不是碎片状散乱分布的

带状片麻岩

长石

 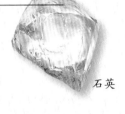

黑云母　石英

变质岩

至于岩石种类的断定，需要参照一本权威的手册指南，将你的测试结果与书上记录的颜色、光泽、重量、条痕测试结果和硬度做比较

自己动手

测试案例

发现一块矿物岩石后，可以依照以下步骤辨认该岩石：

1. 记录下矿物岩石的表面特征，比如是什么颜色的？透明还是不透明？有光泽还是无光泽？是什么形状的？

2. 用岩石去划无釉白色瓷砖（任意瓷砖的背面即可），这就是条痕测试。矿物划出的痕迹是什么颜色呢？可以参见页面最顶端给出的参照物。

3. 把岩石放在手里掂一掂，或是称一下。有些岩石虽然大小和别的岩石相同，但实际上可能会重很多。举例来说，相同大小的硫磺和黄铁矿，后者要重很多。

4. 利用右图中的信息做一个硬度测试（要小心，不要弄坏了标本）。你的岩石硬度如何呢？

至于岩石种类的断定，需要参照一本权威的指南手册，将你的测试结果与手册上记录的颜色、光泽、重量、条痕和硬度等方面做个比较。

 1 滑石

 2 石膏

 2.5 指甲

 3 方解石

3.5 铜币

 4 萤石

 5 磷灰石

 5.5 玻璃

 6 正长石

6.5 钢刀

 7 石英

 8 黄玉

8.5 指甲砂锉

 9 金刚砂

  10 金刚石

55

上山采集

不管是在山地还是丘陵地区，到处都有岩石。在这里你可以看见锯齿形的山峰，崎岖的露头和幽深的河谷等自然地貌。当然也可以遇到很多人为原因造成的地貌特征，如公路或铁路的路堑，可以让一些有趣的岩石和矿物展现在人们的视野里。

路堑是研究岩石的重要参照物，每次施工队为修建新路而爆破山坡时都会形成路堑。刚刚形成的路堑上的岩石不会被植被覆盖，也不会因暴露在空气中与其它元素发生反应，所以你可以很清楚地看到沉积岩的岩层结构，每层岩层都有各自的颜色。嵌在岩浆岩或是变质岩中的路堑可能会有一条矿脉穿过，也可能会有大量的晶体存在。如果你想对路堑仔细观察研究的话，一定要遵循道路规则，避开车辆。

侵蚀和抬升作用可以将深埋在地下的岩石暴露在地表，它们就是矿脉。通常这样的岩石都是由高硬度的矿物组成的，而这些矿物对岩石收集者来说都是不错的发现，在被溪流冲刷过的河岸边就有这样的岩石标本。

历史的窗口

通过路堑我们可以很清楚地看到岩石层的结构，这有助于我们研究过去的地貌。上图展示的是在澳大利亚某一沉积岩岩层中的断层结构。这个断层是由于地壳运动造成的。

因河流冲刷形成V型谷，后又被重新抬升或是发生断层、断裂而形成峡谷

山峰上很少有植被，所以我们可以近距离仔细观察山峰上的岩石

路堑展示出了岩石层的全貌及其有趣的构造

矿区记录

去矿区时要随身带上一个笔记本，随时记录收集过程中的观察和发现。选择一本硬壳的笔记本或者是能防水的笔记本。

每当你发现一处有趣的地貌时，就要绘制一幅草图记录地理位置，然后尽量绘出其特征。举例来说，如果你是在研究路堑，就画出所有的岩石层、断层或是断裂。如果你能辨识岩石层，那就标记好岩石的类型。遇到很有趣或是不寻常的地貌时，可能你还会情不自禁地拍上几张照片，最后这本笔记会成为你所在区域最棒的记录。

岩石的皱纹

上山采集过程中要注意这种地貌，它们是地貌历史上几次重大变化的标志。本图可以告诉你如何辨认这种地貌的每一个特征，找到这种地貌后应该注意什么。

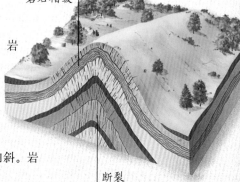

岩石褶皱

由于板块运动，岩石被挤压，从而造成岩石层的弯曲，形成褶皱。在公路或铁路的路堑上经常可以见到这样的褶皱。岩石层向上弯曲形成背斜，向下弯曲则形成向斜。岩石中的裂缝叫做断裂。

断裂

📖 词汇解读

•山脉、盆地和平原构成了**地貌**的基本形态。这个形态也就是地表的外貌。

•**鼓丘**是冰川侵蚀而成的椭圆形小丘。"鼓丘"最早来自于爱尔兰语，是"山脊"的意思。

•**侵蚀作用**是指岩石和矿物在水、冰、风及重力的影响下，引起移动与瓦解。

✦ 知识魔方

•在上个冰期，一些冰川切入美国落基山脉，形成了长达610米深的峡谷。

•意大利附近的小国圣马力诺数百万年前受板块运动的影响，整个国家的岩石层上下颠倒了过来。

🏛 探索路径

•冰川是巨大的冰河。请看14-15页，阅读更多相关信息。

•开辟公路和铁路时可能会使岩层裸露出来，有的岩层就含有化石。请看60-61页，了解化石的有关知识。

•人们经常在河里发现像金、银这样的珍贵金属。请看32-33页，阅读更多相关知识。

地质学勘察

站在乡间的山顶，作为一个岩石观测点。找到公路和铁路的路基就可以观察到岩层，在山坡上可以看到含有岩石和鹅卵石的河流。向远处眺望，寻找被冰川侵蚀的U型山谷。别忘了观察其他更明显的地貌特征，比如悬崖和露头。

🔘 背景故事

岩层的历史

威廉姆·史密斯是第一位认识到岩层的重要意义的科学家。19世纪90年代，史密斯在英国当勘测员，他在乡间不同地方检测煤矿和河床时，注意到这些地方包含着相似的岩层。通过对比在这些岩层中发现的化石，史密斯发现岩石总是以相同的次序排列。通过这个发现，他正确地总结了岩层是构建在彼此之上的，所以时间最久远的岩石在最下面，新形成的岩石在顶层。史密斯的发现使他绘制出了第一幅英国的地质图。这些发现还为其他的地质学家观察地形地貌提供了一个全新的角度。

被冰川侵蚀过的峡谷拥有独特的形态——U型

耐磨岩石也会被冰川磨损

峭壁表面包含许多岩层，它们也是寻找化石的绝佳地点

采石场可以使隐藏了几个世纪的岩石裸露出来

河流转弯处

当一条河拐过一个角时，就会在岸边形成鹅卵石。河流转弯处是发现岩石和矿物标本的绝佳位置。去河边收集标本时一定要注意安全，最好有成年人随行。

毫不夸张地说，冰川是雕刻地貌的一把好手。冰川的侵蚀作用会形成碎片堆积起来的小丘，叫做冰碛，或将地表雕刻成蛇形丘、鼓丘、悬谷。

悬谷

蛇形丘

鼓丘

冰碛

断层是陆地裂缝的一种特殊形式。断层是由板块运动拉伸或挤压而成，它使陆地塌陷或上升。断层后的岩层不是整齐的排列着，而是有着悬崖状的结构，叫做峭壁。

峭壁

节理

断层

大而平的云母滩卵石

平坦的石板滩卵石

圆形花岗岩卵石

细石英岩海滩卵石

海滩地质观察

海滩是观察地质的极好的地方。海水和海风的常年吹打，雕刻出了海岸梦幻般的地貌。猛烈地拍打着的海浪，雕刻出了岩石拱门，钻出了洞穴，侵蚀出了平台，也塑造了海蚀崖面。尽管有时候一场暴风雨后，海岸会发生巨大的变化，但以上这些变化却是一点一滴、日积月累的结果。

自然的力量也塑造出了抛光的鹅卵石、奇石和贝壳，这些恰好又是你收集的样本。它也可以帮你带来其它地方的标本，比如河流可以给你带来遥远的上中游的岩石，巨浪和洋流可能会携带来沉积岩和其它海岸上的沙砾。

海岸线无时无刻不在发生着变化，所以研究自然环境的地质学家们必须时刻保持警觉。河流搬运着大量的泥沙等沉积物，在这一过程中沉积物不断地堆积，打破了原有的现状，行驶在河中的船只会遇到危险。大自然的侵蚀作用会摧毁脆弱的崖壁，而崖壁一旦破碎就会殃及山下的居民。尽管如此，这些改变仍然会带来一次次令人着迷的发现，不仅仅是地质研究方面。人们能够不断地发掘新的矿物标本，了解岩石构造，发现古化石——地球上最强大力量存在的有力证据。

喷水孔

在澳大利亚西部，海水从这种洞口中喷出的景象，很像鲸的喷水。激浪从悬崖的底部向上冲击，并冲碎脆弱的岩石，隧穿至表面，于是便形成了这种特别的洞口。每当巨大的海浪冲击崖壁时，强大的力量会使海水从该洞口喷射而出。

侵蚀作用造成悬崖倒塌，形成岩石碎块

海边崖壁中可能会含有有趣的岩石层和化石

海水冲破海岬形成喷水孔

海蚀柱是海岬的残留

海浪侵蚀悬崖，形成海蚀洞和拱状岩石

被海浪侵蚀掉

海浪侵蚀海岸而形成巨大的岩石堆和岩石柱叫做海蚀柱，这个侵蚀过程可能需要数千年。

海浪的侵蚀通常会形成一种叫做海岬的构造，指的是伸入水中的陆地。海浪拍打海岬，将较软的岩石上冲刷出洞穴。

词汇解读

- **海岸**的英文拼写coast来源于拉丁语中的costa，意思是"边"。
- **岸**的英文拼写shore来源于古德语schor，意思是"岬角"、"海角"。
- **岬**的英文拼写spit来源于古英语spitu，spitu又是来源于古德语中的单词spizzi，意思是"尖"。

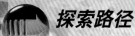
知识魔方

- 在美国马萨诸塞州的科德角，每天有10,000次海浪猛击海岸，所以每年峭壁都会向内陆缩短1米。为了防止修建于1857年的科德角灯塔坠入大海，在1996年被迫将其移到距离悬崖137米的地方。

探索路径

- 侵蚀作用能够造成地貌发生戏剧性的变化，请阅读14-15页，了解其中的变化原因。
- 沉积在海床上的卵石和贝壳可能会转变成沉积岩，请阅读20-21页，了解这是如何发生的。
- 在海滩上你能发现种类繁多的岩石样本。请阅读54-55页。

海滩上的收获

在海滩上你可以找到各式各样的、色彩缤纷的、大大小小的岩石。海浪冲上海岸时，岩石和鹅卵石会在海浪的作用下相互撞击摩擦，也会不断地被击碎，打磨和抛光。几百年后，岩石会被海水侵蚀成沙砾。如果你用放大镜仔细观察，便可以看到细小的矿物颗粒。

背景故事
伦敦桥的倒塌

1990年1月17日，18岁的凯利·哈里森和表弟大卫·达灵顿前去参观位于澳大利亚东南海岸的一个壮观的双海蚀拱——伦敦桥。二人刚刚穿过桥体就听见了轰鸣的溅落声。待他们回头看时，他们刚刚走过的桥竟然消失得无影无踪。凯利感叹道："哪怕我们再多停留30秒的话，也可能就葬身海底了。"几千年来，海浪不断啃噬着石灰石和砂岩峭壁。拱形桥在这伫立了几个世纪，今天最终还是倒塌了。凯利和大卫静静地站在另一个海蚀柱上等待救援，感谢上帝自己还活着，一直等到警方直升机到达，被救助离开。

海滩上有多种多样的抛光鹅卵石

风力减小时，沙会堆积起来形成沙丘

河口处有河流从遥远内陆携带而来的砂石

被河流和海浪携带的沉积物沉积会阻塞水流，形成潟湖

海浪雕刻悬崖底部的岩石台地

随海流沉积下来的沙砾形成一条长长的，一直延伸到大海的海岸，这就是岬角

细察海岸线

沿海岸散步时，要注意那里的地理特征。你会发现每个海岸都会有不同的岩石和矿物，要留心观察大一些的海浪和不断变化的潮流，这些都会给你带来很多收获，让你流连忘返。

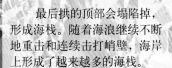

源源不断的海浪不断地冲击岬角，小洞口越来越大，直到它们被冲击成一个大的洞口，海蚀拱就这样形成了。

最后拱的顶部会塌陷掉，形成海栈。随着海浪继续不断地重击和连续击打峭壁，海岸上形成了越来越多的海栈。

寻找化石

岩石中含有远古时代生命的遗迹，这些被称为化石。它们可以是骨头、足迹、印迹或其他的史前生物的迹象。那些活着的生物行走或死于沼泽、湖泊、河流，连同海洋微生物一起形成了化石。当沉积物变成了岩石，上面则保留有生命形式的印记。有时候矿物质代替已死的部分动物或植物，并把它们变成岩石。

几百年前，人们不知道化石是如何形成的。有些人认为它们是生活在地下的动物遗骸，有些人则认为化石是长在岩石中的。今天，科学家寻找到化石来研究远古时代的环境，这些特定存在的化石可以告诉我们几百万年前的气候是什么样子的，例如，在美国东部的珊瑚礁化石表明该地区曾经是一个热带海洋。某些植物和动物生活在特定的时间，它们的化石能够帮助我们计算出岩石的年龄。

你可以成为一个化石寻找者，观察沉积岩的岩层，如砂岩和页岩。石灰石往往含有海洋生物化石。一旦你收集到一些化石，将它们分成不同的类别，如脊椎动物（有脊柱的动物）、无脊椎动物（没有脊柱的动物）和植物。你可以将最好的标本以及岩石和矿物拿去展览。

石化树

这些石头树干是古代树木的遗迹。含有二氧化硅的水替换了树木原来有生命的组织，它们就变成了石头，这个过程叫做石化作用。

宝石化石

这只多彩的贝壳其实是化石。当贝壳所在的溶洞里被含有二氧化硅的水浸没以后就形成了化石。

在琥珀里永存

数百万年前，这个小昆虫被一团黏糊糊的树液闷死。慢慢的，树液变成一种硬的物质，即琥珀。将这个古生物样本永远地保存了下来。

背景故事

卖贝壳化石的女孩

19世纪早期，科学家已经意识到，化石是生命存在的最有力的证据。博物馆和很多的大学都开始寻找和搜集不同种类的化石。在英格兰的多赛特，有一名叫玛丽·安宁的女孩，她帮助她的爸爸在当地的海边搜集和出售贝壳化石（据说是玛丽发明了"她在海边卖贝壳"这个绕口令）。1811年的一天，12岁的玛丽在

一堆岩石中发现了一个与众不同的白色的物体。当她用小锤子小心翼翼地凿开这个岩石以后，她发现那是一个骨头。后来证明这是第一个完整的鱼龙化石。鱼龙是生存于2.45亿年到6,500万年以前的一种海豚类的生物。

被冻住的毛茸茸的猛犸象　　　剑龙骨架

📖 词汇解读

•**化石**在拉丁语fodere中的意思是"挖掘"。

•研究化石的科学家被叫做**古生物学家**。

•**三叶虫**来源于希腊词汇**tri**和**lobos**，意思分别是"三"和"瓣"。指动物腹部的三部分。

✴ 知识魔方

•现存年代最久远的、保存最完好的恐龙骨架，是1899年在美国的怀俄明州发现的梁龙骨架，梁龙身长26.6米，比一个网球场还要长。

•科学家们认为，在世界上曾经存在过的所有生物形式中，约占99%的部分已经消失了，而且没有留下任何化石，化石现象的确很奇特。

🏛 探索路径

•在沉积岩岩层中很容易发现化石。请阅读20-21页，了解沉积岩的相关知识。

•通过辨识化石种类，推算化石的年龄，地质学家可以重新构建出历史上的地貌。请阅读46-47页，了解相关知识。

•海岸崖壁经常含有海洋生物的化石。请阅读56-57页，找出更多的相关内容。

化石的形成过程

寻找恐龙

恐龙死后，尸体被埋在了沉积岩之中，现在演变成了岩石，已经有上千万年的历史了。富含矿物的水通过毛孔渗透到这些骨骼中。现在，科学家们在小心翼翼地凿掉周围的岩石，以成功取出化石。

常见的甲壳纲动物

三叶虫是最常见的化石之一。这些类蟹的海洋生物生存在距今5.5亿年到2.5亿年间。

动物化石的形成是从动物死后开始的。动物身体内的柔软组织都腐烂掉后，只剩下坚硬的部分，如牙齿、骨骼、躯壳。

渐渐地，动物的尸体被一层层的沉淀物掩埋了。有时候富含矿物的水会渗透到尸骨内，取代其内部的有机质。

当沉淀物被压住时，它们会紧紧地压在动物尸体的周围。当沉淀物最终演变为岩石，岩石上便会留下动物尸体的形态。

板块运动将化石搬运到地表，再加上侵蚀作用的影响，化石最终慢慢地暴露在了世人面前。

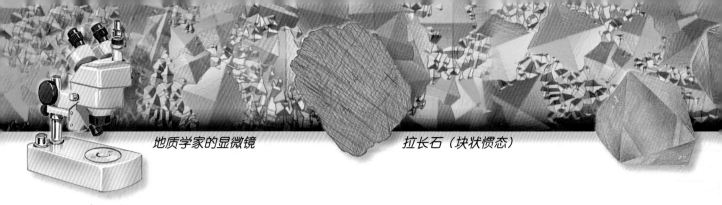

名词解释

B

板块上升 板块运动引起的岩石上升运动。

板块移动 由地幔中对流运动引起的地壳板块的移动。

宝石 任何经过打磨和抛光后可作为珠宝使用的矿物。

背斜 沉积岩层向上拱起所形成的褶皱。

变质岩 由岩浆岩变质所产生的岩石。这种变质是由温度、压力等地质条件的变化引起的。

冰川 高山或大陆上雪的累积超出了融化、升华的速度，进而形成了巨大的冰块。冰川顺着山坡缓缓滑下，将岩石凿碎，带走岩石碎片。

不透水岩石 指不能渗透水的岩石。

C

沉积物 由岩石风化产生的无机物或有机物的固体碎片，经风、水、冰带动而形成的沉积。

沉积岩 在地表不太深的地方，将其他岩石的风化物、动植物遗骸和一些化学物质经过成岩作用形成的岩石。

出露层 露出地表的一部分基岩或其他地层。

D

大陆 地球上七个主要的陆地地块，一般认为包括非洲、南极洲、亚洲、大洋洲、欧洲、北美洲和南美洲板块。

单质 只含有一种原子的化学物质。

地壳 地球的最外层，分为大陆地壳和海洋地壳两类，大陆地壳形成地球上主要的大陆，而海洋地壳较薄，形成海底。

地壳板块 软流层上部坚固的岩石圈叫做板块。

地幔 地壳和外地核中间的一层。包括坚固的内层地幔、脆弱的软流层及坚固的上层地幔。

地幔的对流运动 由于地心的热能导致地幔里热岩浆上升、冷却的岩浆下沉的运动，这是地球板块运动的主要原因。

地堑 地壳受到拉伸而产生的宽而平的谷地。

地心 地球的中心部分，由一个熔融的外核和一个固体的内核组成，两部分都含有铁和镍。

地震 地壳中突然发生的剧烈震动，逐渐扩展到板块边界。

地震波 地震发生后在大地里传播的声波。

地质学 研究地球的物质组成、内部结构、外部特征和历史演变的科学。岩石、矿物和化石可以作为研究地球历史的线索。研究地质学的人叫做地质学家。

断层 地壳发生移动时产生的裂缝。

F

分子 由化学力聚在一起的一组相似或不同的原子的统称。

风化作用 岩石因受冰的冷冻和缓冻作用，雨水里的化学侵蚀和植物根茎的生长作用使岩石分解。

G

孤峰 从地面陡峭上升的小山，有陡峭的山坡和平顶。有些地垛是由一个大的平顶山侵蚀而成的。

H

海沟 当两个板块相撞时产生的深且窄的海底山谷。

化合物 由两种或多种不同元素构成的化学物质，大多数矿物是化合物。

化石 过去地质年代的一切生命存在于地壳内的遗存、痕迹和残迹。

活火山 由地壳深处的岩浆热柱形成的火山，通常在板块中部。

火山 熔岩通过破碎的地壳喷发出来，喷发过后形成圆锥形山。

火山栓 火山被侵蚀后剩下的火成岩柱。

J

纪 地球历史上的一段时间，地质学家将纪又分为不同的时期。

接触变质作用 一种岩石变成另一种岩石的过程，一般是由于加热作用而发生变化的。

结晶习性 同种矿物具有的一种或者多种晶体结构的形态。

金伯利岩 地幔中岩浆形成的一种岩石，岩石中经常含有钻石和其他地球深处的矿物。

金属 闪亮的、可塑造的、可导电的物质。许多金属作为化合物出现在矿物里。

晶球 带有排列在洞壁的晶体的球状空岩石。

冰川   石林

萤石晶体   普韦布洛陶器   宝石

晶体 矿物的一种,有些有规则、平滑的切面。

K

矿石 一种矿物或岩石,从中可采探或提取出在经济上有价值的成分,尤指金属。

矿物 地壳中自然产出且内部质点(原子、离子)排列有序的均匀固体。

矿物燃料 沉积岩中死亡植物受地质演变作用而形成的可用于作为能源的物质。最常见的矿物燃料有煤、石油和天然气。

L

磷光矿物 暴露在紫外光灯下短时间内持续发光的矿物。

流星 一块外太空的岩石进入地球大气层,因摩擦力而汽化时,在天空中出现一道光。石块进入大气层之前叫做流星体,降落到地表的叫做陨星。

M

煤炭 动植物尸体和沉积物受挤压形成的沉积岩,用于作燃料。

N

黏土 一种磨细的沉积岩。潮湿时可塑,而加热时变硬。广泛用于瓷、陶、瓦和砖的制造中。

P

平顶山 顶部平坦,一面或几个侧面陡峭的台地。有些平顶山经过腐蚀会变成孤峰。

Q

侵入岩 地下的熔岩直接进入早先形成的岩石并且冷却凝固形成的大块岩石。

侵蚀 岩石被水、冰和风磨损消耗的自然过程。

区域变质作用 大规模的岩石变质作用,是由于板块碰撞和山脉的构造运动造成的。

R

溶液 两种或两种以上的不同物质以分子、原子或离子形式组成的均匀稳定的混合物,这些物质可以是固体、液体或气体的。

熔岩 喷发到地表的岩浆。

软流层 是由上地幔的一部分和局部熔融的岩石组成的圈层。

S

砂积矿床 被流水从岩石上冲下来,冲积在河里或岸边的冲积沉积物。

石化作用 将古代生物遗体、遗迹保存成化石的各种作用叫做石化作用。

石林 侵蚀作用形成的高柱形岩石。

时期 地球历史事件的标准划分单位,比"纪"短。

T

天然元素 一种单独存在的不与其他元素结合的元素。例如硫磺和黄金。

X

细菌 一种单细胞原核微生物。存在于空气、水、植物、动物和地壳中。

峡谷 河流下切形成的陡峭的河谷。

向斜 岩石层从两侧向中轴倾斜的褶皱。

Y

岩浆 地表下炽热液态的岩石或液态岩石与晶体混合的黏稠物。当岩浆喷发至地表时叫做熔岩。

岩浆岩 岩浆冷却凝结时形成的岩石,侵入型岩浆岩在地表以下凝固,喷出型岩浆岩在地表面上凝固。

岩石 通常由矿物和岩石碎块形成的固体块状物。

岩石圈 地球上坚硬的岩石圈层,包括地壳和上层地幔。

岩心样品 用空心钻头从地表向地心开采出的长柱形岩石。地质学家们用其研究地表下的岩石、冰和土壤。

荧光矿物 在紫外光灯下发光矿物的统称。

原子 保持元素的特性不变的最小单元。地球上一切物质都是原子构成的。

Z

褶皱 板块运动挤压地壳产生的岩层弯曲。

蒸发 液体不经过沸腾而变为气体的过程。

中洋脊 大洋中张裂性板块边界处火山喷发的岩浆所形成的海底山脉。

装饰石 不珍贵,但是可以被制成珠宝或其他装饰品。

地球的地心、地幔和地壳   *砂岩,沉积岩*   *大理石,变质岩*

索 引